国家电网公司
STATE GRID
CORPORATION OF CHINA

国家电网公司
电工制造安全工作规程习题集

（起重与运输部分）

国家电网公司　编

中国电力出版社
CHINA ELECTRIC POWER PRESS

图书在版编目（CIP）数据

国家电网公司电工制造安全工作规程习题集. 起重与运输部分/国家电网公司编. —北京：中国电力出版社，2016.5

ISBN 978-7-5123-9360-8

Ⅰ. ①国… Ⅱ. ①国… Ⅲ. ①电力工业–安全生产–生产管理–岗位培训–习题集②电力工业–起重安全–安全生产–生产管理–岗位培训–习题集③电力工业–安全运输–安全生产–生产管理–岗位培训–习题集 Ⅳ. ①TM08-44

中国版本图书馆 CIP 数据核字（2016）第 106037 号

中国电力出版社出版、发行

（北京市东城区北京站西街 19 号 100005 http://www.cepp.sgcc.com.cn）

北京市同江印刷厂印刷

各地新华书店经售

*

2016 年 5 月第一版 2016 年 5 月北京第一次印刷

850 毫米×1168 毫米 32 开本 4 印张 101 千字

印数 0001—5000 册 定价 **28.00** 元（含 1DVD）

编 制 说 明

1. 本习题集结合电工制造企业工作实际，适用于电工制造企业起重与运输专业相关专职管理人员，以及一线专职、兼职起重与运输作业人员。

2. 本习题集内容全部出自 Q/GDW 11370—2015《国家电网公司电工制造安全工作规程》（简称电工制造《安规》）和 Q/GDW 1434.6—2013《国家电网公司安全设施标准　第 6 部分：装备制造业》（简称《安全设施标准　第 6 部分：装备制造业》），考虑到本习题集的通用性和专业性，编制时偏重于起重与运输专业，兼顾了常用工器具和通用作业安全管理，剔除了与起重与运输专业无关章节和条款。

3. 电工制造《安规》中关于常用安全标志、消防安全标志、应急标志、职业病危害告知牌式样及设置规范相关内容，在《安全设施标准　第 6 部分：装备制造业》中描述更加具体明确，该部分题目以《安全设施标准　第 6 部分：装备制造业》为准。

4. 本习题集编制过程中侧重考虑重要章节和条款，共精选了 560 道题，其中，单选题 174 道，多选题 65 道，判断题 173 道，填空题 114 道，简答题 18 道，问答题 11 道，案例分析样例 5 道。

目　　录

第一部分

电工制造安全工作规程习题

3 术语和定义

3.1 高处作业 high-place operation

凡在坠落高度基准面 2m 及以上有可能坠落的高处进行的作业。

【单选题】 高处作业是指凡在坠落高度基准面（　　）m 及以上有可能坠落的高处进行的作业。

A. 1　　B. 2　　C. 3　　D. 4

答案：B（电工制造《安规》3.1）

4 总　　则

4.1 作业人员的基本条件

4.1.1 经医师鉴定，无妨碍工作的病症（体格检查每两年至少一次）。

4.1.2 具备必要的电气、机械等知识和业务技能，且按工作性质，熟悉本标准的相关部分，并经考试合格。

4.1.3 具备必要的安全生产知识，掌握与本岗位有关的应急救援方法。

4.1.4 根据作业要求，正确佩戴相应的劳动防护用品。

【单选题】 电工制造业作业人员应当经医师鉴定，无妨碍工作的病症［体格检查每（　　）至少一次］。

A. 半年　　B. 一年　　C. 两年　　D. 三年

答案：C（电工制造《安规》4.1.1）

【单选题】 电工制造业作业人员应按工作性质，熟悉本标准的相关部分，并经（　　）合格。

A. 培训　　B. 考试

C. 培训、考试　　D. 考核

答案：B（电工制造《安规》4.1.2）

【单选题】 电工制造业作业人员应具备必要的（　　）、机械等知识和业务技能。

A. 电工　　B. 电气　　C. 安全　　D. 应急

答案：B（电工制造《安规》4.1.2）

【单选题】 电工制造业作业人员应具备必要的安全生产知识，掌握与本岗位有关的（　　）方法。

A. 应急救援　B. 业务技能　C. 危害控制　D. 危险防控

答案：A（电工制造《安规》4.1.3）

【多选题】电工制造业作业人员应具备必要的（　　）等知识和业务技能，且按工作性质，熟悉本标准的相关部分，并经考试合格。

A. 电工　　B. 电气　　C. 机械　　D. 制造

答案：BC（电工制造《安规》4.1.2）

【判断题】电工制造业作业人员应当经医师鉴定，无妨碍工作的病症（体格检查每两年至少一次）。

答案：正确（电工制造《安规》4.1.1）

【判断题】电工制造业作业人员应具备必要的专业理论、安全管控等知识和业务技能，且按工作性质，熟悉本标准的相关部分，并经考试合格。

答案：错误（电工制造《安规》4.1.2）

【判断题】电工制造业作业人员应具备必要的电气、机械等知识和业务技能，且按工作性质，熟悉本标准的相关部分，并经考试合格。

答案：正确（电工制造《安规》4.1.2）

【判断题】电工制造业作业人员应具备必要的安全生产知识，掌握与本岗位有关的应急救援方法。

答案：正确（电工制造《安规》4.1.3）

【问答题】电工制造业作业人员应具备哪些基本条件？

答案：（1）经医师鉴定，无妨碍工作的病症（体格检查每两年至少一次）。

（2）具备必要的电气、机械等知识和业务技能，且按工作性质，熟悉本标准的相关部分，并经考试合格。

（3）具备必要的安全生产知识，掌握与本岗位有关的应急救援方法。

（4）根据作业要求，正确佩戴相应的劳动防护用品。

（电工制造《安规》4.1）

4.2 教育和培训

4.2.1 各类作业人员应接受相应的安全生产教育和岗位技能培训，经考试合格上岗。

4.2.2 作业人员对本标准应每年考试一次。因故连续离岗三个月以上者，应重新学习本标准，并经考试合格后，方能上岗工作。

4.2.3 新入职人员、实习人员和临时参加劳动的人员，应经过安全知识教育并考核合格后，方可从事指定的工作，并且不得单独作业。

4.2.4 参与工作的外单位人员应熟悉本标准，经考试合格，并经对口业务管理单位认可，方可参加工作。工作前，对口业务管理单位应告知现场危险源和安全注意事项。

【单选题】电工制造业各类作业人员应接受相应的（　　）教育和岗位技能培训，经考试合格上岗。

A. 安全生产　B. 企业文化　C. 理论知识　D. 应急知识

答案：A（电工制造《安规》 4.2.1）

【单选题】电工制造业作业人员因故连续离岗（　　）以上者，应重新学习本标准，并经考试合格后，方能上岗工作。

A. 三个月　B. 半年　C. 一年　D. 两年

答案：A（电工制造《安规》 4.2.2）

【单选题】电工制造业作业人员对本标准应每（　　）考试一次。

A. 半年　B. 一年　C. 两年　D. 三年

答案：B（电工制造《安规》 4.2.2）

【单选题】电工制造业新入职人员、实习人员和临时参加劳动的人员，应经过（　　）教育并考核合格后，方可从事指定的工作，并且不得单独作业。

A. 安全知识　B. 安全操作　C. 应急救援　D. 岗位技能

答案：A（电工制造《安规》 4.2.3）

【多选题】电工制造业（　　），应经过安全知识教育并考核合格后，方可从事指定的工作，并且不得单独作业。

A. 新入职人员　　　　　　B. 实习人员

C. 临时参加劳动的人员　　D. 特种作业人员

答案：ABC（电工制造《安规》4.2.3）

【判断题】电工制造业作业人员对本标准应每年考试一次。因故连续离岗三个月以上者，应重新学习本标准，并经考试合格后，方能上岗工作。

答案：正确（电工制造《安规》4.2.2）

【判断题】电工制造业新入职人员、实习人员和临时参加劳动的人员，应经过安全知识教育并考核合格后，方可从事指定的工作，并且能够单独作业。

答案：错误（电工制造《安规》4.2.3）

【判断题】参与电工制造业相关工作的外单位人员应熟悉本标准，经考试合格，并经对口业务管理单位认可，方可参加工作。

答案：正确（电工制造《安规》4.2.4）

4.3　生产现场的基本条件

4.3.1　一般规定

4.3.1.1　生产场所的各类生产设备应符合 GB 5083 的规定。

4.3.1.2　作业区域中，产生相同职业危害因素的作业应相对集中，且与其他作业区域分离。含有职业危害因素作业的区域应与员工休息间、会议室等人员聚集场所隔离。

4.3.1.3　厂区内应在醒目位置设置公告栏，在存在安全生产风险的岗位设置告知卡，分别标明本单位、本岗位主要危险危害因素、后果、事故预防及应急措施、报告电话等内容。

4.3.1.4　存在重大危险源的场所应设置明显标志，标明风险内容、危险程度、安全距离、防控办法、应急措施等内容。

4.3.1.5　在有重大事故隐患和较大危险的场所和设施、设备上应设置明显标志，标明治理责任、期限及应急措施。

4.3.1.6 应在工作场所，以简明提示或悬挂安全操作规程等方式标明安全操作要点。

4.3.1.7 锻造、金属热处理、涂装、冲压、木工等有特殊要求场所的安全生产条件应符合相关标准的规定。

4.3.1.8 作业区域内车行道宽度应大于 3.5m，专供叉车通行的单行道应大于 2m。人行安全通道宽度应大于 0.8m，分隔线应清晰、准确。

4.3.1.9 车行道、人行道上方的悬挂物应牢固可靠。

4.3.1.10 主干道及人行安全通道应无占道物品，路面应平坦，无积油、无积水、无绊脚物。为生产而设置的深大于 0.2m、宽大于 0.1m 的坑、壕、池应设置盖板或护栏，夜间应有照明。设备设施之间、设备设施与墙（柱）间的距离应符合相关标准的规定，或采取安全隔离。

4.3.1.11 动力管线的安全距离应符合 GB 50016 的规定。

4.3.1.12 固定电气线路敷设应避免环境因素及各种机械应力等外部作用而带来的损害；安全净距应符合 GB 50054 的相关规定；电缆线路应符合 GB 50168、GB 50217 的相关规定。

4.3.1.13 工位器具、料箱应设计合理，结构牢固，无脱焊、凹陷、腐蚀等缺陷。现场应摆放整齐、平稳，高度合适，沿人行通道两边无突出物品或锐边物品。

4.3.1.14 操作工位的脚踏板应完好、牢固，且防滑。

4.3.1.15 车间内生产作业点、工作台面和安全通道的照度应符合 GB 50034 的相关规定，且照明灯具完好、有效。安全通道应配备应急照明灯。

4.3.1.16 登高梯台的结构和材质应符合 GB 4053.1、GB 4053.2、GB 4053.3 的相关规定。

【单选题】在有重大（　　）和较大危险的场所和设施、设备上应设置明显标志，标明治理责任、期限及应急措施。

A. 事故隐患　B. 事故源　C. 危险源　D. 事件隐患

答案：A（电工制造《安规》4.3.1.5）

【单选题】应在工作场所，以简明提示或悬挂安全操作规程等方式标明（　　）。

A. 操作注意事项　B. 安全操作要点

C. 安全注意事项　D. 安全告知

答案：B（电工制造《安规》 4.3.1.6）

【单选题】作业区域内车行道宽度应大于（　　）m，分隔线应清晰、准确。

A. 2　B. 2.5　C. 3　D. 3.5

答案：D（电工制造《安规》 4.3.1.8）

【单选题】作业区域内专供叉车通行的单行道应大于（　　）m，且分隔线应清晰、准确。

A. 1.5　B. 2　C. 2.5　D. 3

答案：B（电工制造《安规》4.3.1.8）

【单选题】作业区域内人行安全通道宽度应大于（　　）m，分隔线应清晰、准确。

A. 0.8　B. 0.9　C. 1　D. 1.2

答案：A（电工制造《安规》 4.3.1.8）

【多选题】在存在安全生产风险的岗位设置告知卡，分别标明本单位、本岗位主要（　　）报告电话等内容。

A. 危险危害因素　B. 危害后果

C. 事故预防　D. 应急措施

答案：ABCD（电工制造《安规》4.3.1.3）

【多选题】存在重大危险源的场所应设置明显标志，标明（　　）应急措施等内容。

A. 风险内容　B. 危险程度　C. 安全距离　D. 防控办法

答案：ABCD（电工制造《安规》4.3.1.4）

【多选题】在有重大事故隐患和较大危险的场所和设施、设备上应设置明显标志，标明（　　）。

A. 注意事项　B. 治理责任　C. 期限　　D. 应急措施

答案：BCD（电工制造《安规》4.3.1.5）

【多选题】生产作业现场主干道及人行安全通道应无占道物品，路面应平坦，（　　）。

A. 无积油　　B. 无积水　　C. 无杂物　　D. 无绊脚物

答案：ABD（电工制造《安规》4.3.1.10）

【多选题】作业现场所使用的工位器具、料箱应设计合理，结构牢固，无（　　）等缺陷。

A. 脱焊　　B. 凹陷　　C. 腐蚀　　D. 掉漆

答案：ABC（电工制造《安规》4.3.1.13）

【多选题】作业现场的工位器具、料箱应摆放整齐、平稳，高度合适，沿人行通道两边（　　）。

A. 无临时存放物品　　B. 无突出物品

C. 无绊脚物品　　D. 无锐边物品

答案：BD（电工制造《安规》4.3.1.13）

【判断题】在有重大事故隐患和较大危险的场所和设施、设备上应设置明显标志，标明注意事项、管理职责。

答案：错误（电工制造《安规》4.3.1.5）

【判断题】在工作场所，应以简明提示或悬挂应急预案等方式标明操作注意事项。

答案：错误（电工制造《安规》4.3.1.6）

【判断题】作业区域内车行道宽度应大于3m，人行安全通道宽度应大于1m，分隔线应清晰、准确。

答案：错误（电工制造《安规》4.3.1.8）

【判断题】作业区域内专供叉车通行的单行道应大于2m。且分隔线应清晰、准确。

答案：正确（电工制造《安规》4.3.1.8）

【判断题】生产现场主干道及人行安全通道应无占道物品，

路面应平坦，无积油、无积水、无绊脚物。

答案：正确（电工制造《安规》4.3.1.10）

4.3.6 作业场所应急条件

4.3.6.1 作业场所应在明显位置悬挂应急疏散图，应急疏散通道和区域应满足应急响应的需要。

4.3.6.2 作业场所灭火器的配置应符合 GB 50140 的相关规定，灭火器、室内消火栓等消防器材摆放合理，标识明显，周边 1m 范围内无障碍物，且在有效期内。重点部位应设置自动报警灭火装置，并灵敏、可靠。

4.3.6.3 可能产生急性职业损伤的作业场所应配置现场急救物资和用品。

【单选题】作业场所灭火器、室内消火栓等消防器材摆放合理，标识明显，周边（　　）m 范围内无障碍物，且在有效期内。

A. 0.5　　B. 0.8　　C. 1　　D. 1.2

答案：C（电工制造《安规》 4.3.6.2）

【判断题】作业场所灭火器、室内消火栓等消防器材摆放合理，标识明显，周边 1m 范围内无障碍物，且在有效期内。

答案：正确（电工制造《安规》4.3.6.2）

【判断题】可能产生急性职业损伤的作业场所应配置现场应急药品。

答案：错误（电工制造《安规》4.3.6.3）

【填空题】作业场所应在明显位置悬挂________。

答案：应急疏散图（电工制造《安规》4.3.6.1）

【填空题】可能产生急性职业损伤的作业场所应配置______ 和用品。

答案：现场急救物资（电工制造《安规》4.3.6.3）

4.4 推广“四新”安全要求

在生产中推广使用新技术、新工艺、新设备、新材料（简称

“四新”）时，应制定相应的安全措施，经本单位批准后执行。

【单选题】在生产中推广使用新技术、新工艺、新设备、新材料时，应制定相应的安全措施，经（　　）批准后执行。

A. 上级主管部门　　　　B. 业务对口单位

C. 安全管理单位　　　　D. 本单位

答案：D（电工制造《安规》4.4）

【多选题】在生产中推广使用（　　）时，应制定相应的安全措施，经本单位批准后执行。

A. 新技术　　B. 新工艺　　C. 新设备　　D. 新材料

答案：ABCD（电工制造《安规》4.4）

4.5　违章与紧急情况处置要求

任何人发现有违反本标准的情况，应立即制止，经纠正后才能恢复作业。作业人员有权拒绝违章指挥和强令冒险作业；在发现直接危及人身、重要设备安全的紧急情况时，有权停止作业或者在采取可能的紧急措施后撤离作业场所，并立即报告。

【单选题】（　　）发现有违反本标准的情况，应立即制止，经纠正后才能恢复作业。

A. 任何人　　B. 作业人员　C. 安全员　　D. 主管领导

答案：A（电工制造《安规》4.5）

【判断题】作业人员在发现直接危及人身、重要设备安全的紧急情况时，有权停止作业或者在采取可能的紧急措施后撤离作业场所，并立即报告。

答案：正确（电工制造《安规》4.5）

【判断题】任何人发现有违反本标准的情况，应立即制止，经纠正后才能恢复作业。

答案：正确（电工制造《安规》4.5）

【判断题】作业人员有权拒绝违章指挥和强令冒险作业。

答案：正确（电工制造《安规》4.5）

【判断题】作业人员在安全人员的监管下，可以听从违章指挥和强令冒险作业。

答案：错误（电工制造《安规》4.5）

【判断题】作业人员在发现直接危及人身、重要设备安全的紧急情况时，应立即报告，在接到指令后可停止作业或者在采取可能的紧急措施后撤离作业场所。

答案：错误（电工制造《安规》4.5）

【填空题】任何人发现有违反本标准的情况，应立即制止，经纠正后才能恢复作业。作业人员有权拒绝________和________。

答案：违章指挥　强令冒险作业（电工制造《安规》4.5）

【填空题】在发现直接危及人身、重要设备安全的紧急情况时，有权________或者在采取可能的紧急措施后撤离作业场所，并立即报告。

答案：停止作业（电工制造《安规》4.5）

5 保证危险作业安全的组织措施

5.1 安全组织措施种类

在生产场所从事高处作业、有限空间作业、大型吊装作业、动火作业、低压临时用电作业等危险作业时，应落实作业分析制度、作业申请制度、作业监护制度、作业终结及间断制度等保证安全的组织措施。

【单选题】在生产场所从事高处作业、有限空间作业、大型吊装作业、动火作业、低压临时用电作业等（　　）时，应落实作业分析制度、作业申请制度、作业监护制度、作业终结及间断制度等保证安全的组织措施。

A. 危险作业　B. 高处作业　C. 吊装作业　D. 用电作业

答案：A（电工制造《安规》5.1 ）

【单选题】下列不属于危险作业的是（　　）。

A. 高处作业　　B. 有限空间作业

C. 大型吊装作业　　D. 用电作业

答案：D（电工制造《安规》5.1）

【多选题】在生产场所从事高处作业、有限空间作业、大型吊装作业、动火作业、低压临时用电作业等危险作业时，应落实（　　）及间断制度等保证安全的组织措施。

A. 作业分析制度　　B. 作业申请制度

C. 作业监护制度　　D. 作业终结制度

答案：ABCD（电工制造《安规》5.1）

【判断题】在生产场所从事危险作业时应落实作业分析制度、作业申请制度、作业监护制度、作业终结及间断制度等保证安全的组织措施。

答案：正确（电工制造《安规》5.1）

【填空题】在生产场所从事高处作业、有限空间作业、大型吊装作业、动火作业、低压临时用电作业等________时，应落实作业分析制度、作业申请制度、作业监护制度、作业终结及间断制度等保证安全的组织措施。

答案：危险作业（电工制造《安规》5.1）

5.2 作业分析制度

5.2.1 作业风险程度分级。根据现场作业的风险程度，将危险作业分为高度危险和一般危险两类。高度危险作业主要包括：企业首次实施的危险作业、一级动火作业、Ⅱ级及以上高处作业、有限空间作业、大型吊装作业，以及交叉、大型、复杂等特别危险的作业。其他危险作业为一般危险作业。企业可根据安全生产实际，补充、细化高度危险作业的类型。

5.2.2 危险辨识和分析。进行危险作业前，作业单位应从作业方法、作业环境、人的不安全行为、物（机具、设备、器材等）的不安全状态、作业管理的相关因素等方面系统分析，辨识出危害因素，对可能产生事故的种类、诱因进行分析，确定风险等级。

5.2.3 制定对策措施。根据辨识和分析情况、风险等级，按照国家有关标准、规范和公司制度要求，制定组织措施、技术措施和安全措施。高度危险的作业还应编写作业方案，同时制定突发情况下的应急救援措施，经相关职能部门会签，本单位（部门）负责人批准。

5.2.4 进行危险辨识和分析前，作业审批人或负责人认为有必要进行现场勘察时，应根据工作任务组织现场勘察，查看作业现场的条件、环境及其他危险源等情况，并做好记录。

【单选题】根据现场作业的风险程度，将危险作业分为高度危险和（　　）危险两类。

A. 特殊　　B. 一般　　C. 极度　　D. 不可预知

答案：B（电工制造《安规》5.2.1）

【单选题】高度危险作业不包括以下哪项作业（　　）。

A. 企业认定的危险作业　　B. 一级动火作业

C. Ⅱ级及以上高处作业　　D. 有限空间作业

答案：A（电工制造《安规》 5.2.1）

【单选题】危险作业分析制度中：其他危险作业为（　　）。

A. 企业认定的危险作业　　B. 一般危险作业

C. 高度危险作业　　D. 有限空间作业

答案：B（电工制造《安规》5.2.1）

【单选题】危险作业分析制度中：企业可根据安全生产实际，（　　）高度危险作业的类型。

A. 辨识　　B. 增加　　C. 补充、细化　D. 减少

答案：C（电工制造《安规》5.2.1）

【单选题】进行危险作业前，作业单位应从作业方法、作业环境、人的不安全行为、物（机具、设备、器材等）的不安全状态、作业管理的相关因素等方面系统分析，辨识出（　　）。

A. 危害因素　　B. 存在的危险

C. 危险情况　　D. 危险状态

答案：A（电工制造《安规》5.2.2）

【单选题】进行危险作业前，作业单位应对可能产生事故的种类、诱因进行分析，确定风险（　　）。

A. 等级　　B. 类型　　C. 因素　　D. 种类

答案：A（电工制造《安规》5.2.2）

【单选题】针对危险作业制定对策措施。根据辨识和分析情况、风险等级，按照国家有关标准、规范和公司制度要求，制定（　　）。

A. 管理措施、技术措施和安全措施

B. 组织措施、技术措施和人为措施

C. 组织措施、物理措施和安全措施

D. 组织措施、技术措施和安全措施

答案：D（电工制造《安规》 5.2.3）

【单选题】高度危险的作业应编写作业方案，同时制定突发情况下的（　　），经相关职能部门会签，本单位（部门）负责人批准。

A. 应急救援措施　　B. 管理措施

C. 疏散方案　　D. 技术措施

答案：A（电工制造《安规》5.2.3）

【单选题】危险作业进行危险辨识和分析前，作业审批人或负责人认为有必要进行现场勘察时，应根据工作任务组织现场勘察并做好记录。下列哪项不是必须查看的项目（　　）。

A. 人员数量及构成　　B. 作业现场的条件

C. 环境　　D. 危险源

答案：A（电工制造《安规》5.2.4）

【多选题】根据现场作业的风险程度，将危险作业分为（　　）。

A. 高度危险　B. 一般危险　C. 极度危险　D. 重度危险

答案：AB（电工制造《安规》5.2.1）

【多选题】高度危险作业主要包括：企业首次实施的危险作业、（　　），以及交叉、大型、复杂等特别危险的作业。

A. 一级动火作业　　B. Ⅱ级及以上高处作业

C. 有限空间作业　　D. 大型吊装作业

答案：ABCD（电工制造《安规》5.2.1）

【多选题】其他危险作业为一般危险作业。企业可根据安全生产实际，（　　）高度危险作业的类型。

A. 补充　　B. 辨识　　C. 细化　　D. 认识

答案：AC（电工制造《安规》5.2.1）

【多选题】进行危险作业前，作业单位应从（　　）、作业管理的相关因素等方面系统分析，辨识出危害因素，对可能产生事故的种类、诱因进行分析，确定风险等级。

A. 作业方法

B. 作业环境

C. 人的不安全行为

D. 物（机具、设备、器材等）的不安全状态

答案：ABCD（电工制造《安规》5.2.2）

【多选题】危险作业根据辨识和分析情况、风险等级，按照国家有关标准、规范和公司制度要求，制定（　　）。

A. 组织措施　B. 教育措施　C. 技术措施　D. 安全措施

答案：ACD（电工制造《安规》5.2.3）

【多选题】高度危险的作业还应编写（　　），同时制定突发情况下的（　　），经相关职能部门会签，本单位（部门）负责人批准。

A. 管理制度　　B. 作业方案

C. 应急救援措施　　D. 疏散措施

答案：BC（电工制造《安规》5.2.3）

【多选题】危险作业进行危险辨识和分析前，作业审批人或负责人认为有必要进行现场勘察时，应根据工作任务组织现场勘察，查看作业现场的（　　）等情况，并做好记录。

A. 条件　B. 环境　C. 危险源　D. 人员

答案：ABC（电工制造《安规》5.2.4）

【判断题】根据现场作业的风险程度，将危险作业分为高度危险和一般危险两类。

答案：正确（电工制造《安规》5.2.1）

【判断题】一般危险作业主要包括：企业首次实施的危险作业、一级动火作业、Ⅱ级及以上高处作业、有限空间作业、大型吊装作业，以及交叉、大型、复杂等特别危险的作业。

答案：错误（电工制造《安规》5.2.1）

【判断题】其他危险作业为一般危险作业。企业可根据安全

生产实际，补充、细化高度危险作业的类型。

答案：正确（电工制造《安规》5.2.1）

【判断题】进行危险作业前，作业单位应从作业方法、作业环境、人的不安全行为、物（机具、设备、器材等）的不安全状态、作业管理的相关因素等方面系统分析，辨识出危险源，对可能产生事故的种类、诱因进行分析，确定风险等级。

答案：错误（电工制造《安规》5.2.2）

【判断题】根据辨识和分析情况、风险等级，按照国家有关标准、规范和公司制度要求，制定组织措施、技术措施和安全措施。

答案：正确（电工制造《安规》5.2.3）

【判断题】所有危险的作业都应编写作业方案，同时制定突发情况下的应急救援措施，经相关职能部门会签，本单位（部门）负责人批准。

答案：错误（电工制造《安规》5.2.3）

【判断题】进行危险辨识和分析前，作业审批人或负责人认为有必要进行现场勘察时，应根据工作任务组织现场勘察，查看作业现场的条件、环境及其他危险源等情况，并做好记录。

答案：正确（电工制造《安规》5.2.4）

【填空题】根据现场作业的________，将危险作业分为高度危险和一般危险两类。

答案：风险程度（电工制造《安规》5.2.1）

【填空题】高度危险作业主要包括：企业首次实施的危险作业、一级动火作业、Ⅱ级及以上高处作业、有限空间作业、大型吊装作业，以及交叉、大型、复杂等________的作业。

答案：特别危险（电工制造《安规》5.2.1）

【填空题】其他危险作业为一般危险作业。企业可根据安全生产实际，补充、细化________的类型。

答案：高度危险作业（电工制造《安规》5.2.1）

【填空题】进行危险作业前，作业单位应从________、作业环境、人的不安全行为、物（机具、设备、器材等）的不安全状态、作业管理的相关因素等方面系统分析。

答案：作业方法（电工制造《安规》5.2.2）

【填空题】进行危险作业前，作业单位应对可能产生事故的________、诱因进行分析。

答案：种类（电工制造《安规》5.2.2）

【填空题】进行危险作业前，作业单位应确定________。

答案：风险等级（电工制造《安规》5.2.2）

【填空题】进行作业分析时，根据辨识和分析情况、风险等级，按照国家有关标准、规范和公司制度要求，制定组织措施、技术措施和________。

答案：安全措施（电工制造《安规》5.2.3）

【填空题】高度危险的作业应编写作业方案，同时制定突发情况下的应急救援措施，经相关职能部门会签，________批准。

答案：本单位（部门）负责人（电工制造《安规》5.2.3）

【填空题】高度危险的作业应编写作业方案，同时制定突发情况下的________。

答案：应急救援措施（电工制造《安规》5.2.3）

5.3 作业申请制度

5.3.1 危险作业开始前，作业单位（部门）应根据作业内容，填写相应的作业申请单，明确作业的相关要素，列明作业风险和对应措施，其格式参照附录 D～附录 H。

5.3.2 危险作业申请审批前，安全、技术、设备等有关人员应亲临现场，进行必要的勘察和检测，确认防护和救护措施有效后方可签署审核意见。

5.3.3 危险作业申请单除须经相关主管部门审查外，应视危险程度分级审批；高度危险作业由单位负责人最终审批，一般危险作业由安全管理或消防管理部门负责人审批。

【单选题】危险作业开始前，作业单位（部门）应填写相应的作业申请单，明确作业的相关要素，列明作业风险和（　　）。

A. 组织措施　B. 技术措施　C. 对应措施　D. 管理措施

答案：C（电工制造《安规》5.3.1）

【单选题】危险作业申请审批前，安全、技术、设备等有关人员应（　　），进行必要的勘察和检测，确认防护和救护措施有效后方可签署审核意见。

A. 询问现场情况　　B. 亲临现场

C. 单独审批　　D. 同时进行审批

答案：B（电工制造《安规》5.3.2）

【单选题】危险作业申请单除须经相关主管部门审查外，应视危险程度（　　）。

A. 分开审批　　B. 直接审批

C. 分级审批　　D. 可以不进行审批

答案：C（电工制造《安规》5.3.3）

【单选题】危险作业（　　），作业单位（部门）应根据作业内容，填写相应的作业申请单。

A. 开始前　　B. 开始后

C. 结束时　　D. 必要时可以和审批同时进行

答案：A（电工制造《安规》5.3.1）

【单选题】高度危险作业由（　　）最终审批。

A. 单位负责人　　B. 分管领导

C. 主管部长　　D. 主管科长

答案：A（电工制造《安规》5.3.3）

【单选题】一般危险作业由安全管理或（　　）负责人审批。

A. 设备管理　　B. 技术管理

C. 消防管理部门　　D. 信息管理

答案：C（电工制造《安规》5.3.3）

【多选题】危险作业开始前，作业单位（部门）应根据作业内容，（　　）。

A. 填写相应的作业申请单

B. 明确作业的相关要素

C. 列明作业风险和对应措施

D. 直接开始作业

答案：ABC（电工制造《安规》5.3.1）

【多选题】危险作业申请审批前，（　　）等有关人员应亲临现场，进行必要的勘察和检测，确认防护和救护措施有效后方可签署审核意见。

A. 安全　　B. 技术　　C. 设备　　D. 质量

答案：ABC（电工制造《安规》5.3.2）

【多选题】危险作业申请单除须经相关主管部门审查外，应视危险程度分级审批；高度危险作业由单位负责人（　　），一般危险作业由（　　）负责人审批。

A. 临时审批　　B. 最终审批

C. 安全员　　D. 安全管理或消防管理部门

答案：BD（电工制造《安规》5.3.3）

【判断题】危险作业开始后，作业单位（部门）应根据作业内容，填写相应的作业申请单，明确作业的相关要素，列明作业风险和对应措施。

答案：错误（电工制造《安规》5.3.1）

【判断题】危险作业申请审批前，安全、技术、设备等有关人员应询问现场情况，进行必要的勘察和检测，确认防护和救护措施有效后方可签署审核意见。

答案：错误（电工制造《安规》5.3.2）

【判断题】危险作业申请单除须经相关主管部门审查外，应视危险程度直接审批；高度危险作业由单位负责人最终审批，一般危险作业由安全管理或消防管理部门负责人审批。

答案：错误（电工制造《安规》5.3.3）

【填空题】危险作业申请审批前，安全、技术、设备等有关人员应亲临现场，确认________有效后方可签署审核意见。

答案：防护和救护措施（电工制造《安规》5.3.2）

5.4 作业监护制度

5.4.1 危险作业现场应有明显标志，并有专人监护。

5.4.2 作业负责人应会同监护人进行现场安全措施落实情况核查和安全交底（交代监护范围内的安全措施、告知危险点和安全注意事项，并签名），并经监护人同意后，方可开始工作。

5.4.3 监护人基本条件：安全意识和责任心强；具备一定的技术素质及作业经验（工作年限满3年～5年），熟知作业流程、操作方法，能够识别作业主要危险点，并有能力采取相应的预控措施。

5.4.4 监护主要内容：落实作业指导书（施工方案）、安全技术措施；确认危险作业人员操作资格和健康状况；检查各类工器具、机械设备、安全防护、劳动防护等配备情况；重点部位与作业环节的事故预控措施落实情况，以及现场发生突发事件的应急处置等情况。

5.4.5 监护一般要求：

a） 监护人应始终在作业现场监督作业安全，不得从事其他任何工作，不得擅离岗位。因故离开现场时，作业负责人必须另行指定监护人，履行变更手续，并告知全体被监护人员；

b） 监护人应全过程检查作业现场防护措施落实情况，监督作业风险，确保作业安全；有权制止无关人员进入作业区域，制止“三违”（违章指挥、违章作业、违反劳动纪律），及时纠正被监护人员的不安全行为；对安全隐患有权提出处理意见，阻止安全措施不到位的危险作业；

c）高度危险作业时，单位负责人和安监、技术、设备等相关部门主管人员应现场监督。

【单选题】危险作业现场应有（　　），并有专人监护。

A. 安全标志　B. 禁止标志　C. 警示标志　D. 明显标志

答案：D（电工制造《安规》5.4.1）

【单选题】危险作业负责人应会同监护人进行现场安全措施落实情况核查和安全交底（交代监护范围内的安全措施、告知危险点和安全注意事项，并签名），并经（　　）同意后，方可开始工作。

A. 监护人　　B. 作业人

C. 技术人员　　D. 安全管理人员

答案：A（电工制造《安规》5.4.2）

【单选题】下列不属于危险作业监护人基本条件的是（　　）。

A. 安全意识和责任心强；熟知作业流程、操作方法

B. 具备一定的技术素质及作业经验（工作年限满3～5年）

C. 能够识别作业主要危险点，并有能力采取相应的预控措施

D. 一定条件下，作业人员可自己进行监护

答案：D（电工制造《安规》5.4.3）

【单选题】下列不属于监护主要内容的是（　　）。

A. 检查各类工器具、机械设备、安全防护、劳动防护等配备情况

B. 作业人员数量

C. 重点部位与作业环节的事故预控措施落实情况

D. 现场发生突发事件的应急处置

答案：B（电工制造《安规》5.4.4）

【单选题】危险作业监护人应始终在作业现场监督作业安全，不得从事其他任何工作，（　　）。

A. 可以擅离岗位

B. 不得擅离岗位

C. 可以做其他工作

D. 不得做与工作无关的事情

答案：B（电工制造《安规》5.4.5）

【单选题】危险作业监护人因故离开现场时，作业负责人必须（　　），履行相关手续，并告知全体被监护人员。

A. 另行指定监护人　　B. 停止作业

C. 亲自监护　　D. 责令监护人坚守岗位

答案：A（电工制造《安规》5.4.5）

【单选题】危险作业监护人应全过程检查作业现场（　　）落实情况，监督作业风险，确保作业安全。

A. 管理措施　B. 防卫措施　C. 防护措施　D. 消防措施

答案：C（电工制造《安规》5.4.5）

【单选题】危险作业监护人有权制止（　　）进入作业区域，制止“三违”。

A. 其他工作人员　　B. 作业人员

C. 保卫人员　　D. 无关人员

答案：D（电工制造《安规》5.4.5）

【单选题】危险作业监护人应及时纠正（　　）的不安全行为。

A. 被监护人员　　B. 其他工作人员

C. 保卫人员　　D. 无关人员

答案：A（电工制造《安规》5.4.5）

【单选题】危险作业监护人对安全隐患有权提出（　　），阻止安全措施不到位的危险作业。

A. 整改意见　B. 处理意见　C. 劝阻　D. 警告

答案：B（电工制造《安规》5.4.5）

【单选题】下列不属于“三违”的是（　　）。

A. 违章指挥　　B. 违章作业

C. 违章动火　　　　　　　　D. 违反劳动纪律

答案：C（电工制造《安规》5.4.5）

【单选题】高度危险作业时，单位负责人和（　　）等相关部门主管人员应现场监督。

A. 安监、技术、设备

B. 安监、技术、人资

C. 安监、质量、工艺

D. 安监、质量、设备

答案：A（电工制造《安规》5.4.5）

【多选题】危险作业现场应有（　　）。

A. 明显标志　　　　　　　　B. 水源

C. 有专人监护　　　　　　　D. 消防器材

答案：AC（电工制造《安规》5.4.1）

【多选题】危险作业负责人应会同监护人进行现场安全措施落实情况核查和安全交底[交代监护范围内的（　　），并签名]，并经监护人同意后，方可开始工作。

A. 安全措施　　　　　　　　B. 告知危险点

C. 告知安全注意事项　　　　D. 生活习惯

答案：ABC（电工制造《安规》5.4.2）

【多选题】危险作业监护人基本条件：（　　），并有能力采取相应的预控措施。

A. 安全意识和责任心强

B. 具备一定的技术素质及作业经验（工作年限满3～5年）

C. 熟知作业流程、操作方法

D. 能够识别作业主要危险点

答案：ABCD（电工制造《安规》5.4.3）

【多选题】危险作业监护主要内容：（　　）以及现场发生突发事件的应急处置等情况。

A. 落实作业指导书（施工方案）、安全技术措施

B. 确认危险作业人员操作资格和健康状况

C. 检查各类工器具、机械设备、安全防护、劳动防护等配备情况

D. 重点部位与作业环节的事故预控措施落实情况

答案：ABCD（电工制造《安规》5.4.4）

【多选题】危险作业监护人应（　　）。

A. 始终在作业现场监督作业安全

B. 不得从事其他任何工作，不得擅离岗位

C. 因故离开现场时，作业负责人必须另行指定监护人，履行变更手续，并告知全体被监护人员

D. 告知相关危险因素后，不定期到作业现场进行抽查

答案：ABC（电工制造《安规》5.4.5）

【多选题】危险作业监护人应全过程检查作业现场防护措施落实情况（　　）。

A. 监督作业风险，确保作业安全

B. 有权制止无关人员进入作业区域，制止“三违”（违章指挥、违章作业、违反劳动纪律）

C. 及时纠正被监护人员的不安全行为

D. 对安全隐患有权提出处理意见，阻止安全措施不到位的危险作业

答案：ABCD（电工制造《安规》5.4.5）

【多选题】高度危险作业时，单位负责人和（　　）等相关部门主管人员应现场监督。

A. 安监　　B. 技术　　C. 设备　　D. 质量

答案：ABC（电工制造《安规》5.4.5）

【判断题】危险作业现场应有明显标志，并有专人监护。

答案：正确（电工制造《安规》5.4.1）

【判断题】作业负责人应会同监护人进行现场安全措施落实情况核查和安全交底（交代监护范围内的安全措施、告知危险点

和安全注意事项，并签名），并经监护人同意后，方可开始工作。

答案：正确（电工制造《安规》5.4.2）

【判断题】监护人基本条件:安全意识和责任心强；具备一定的技术素质及作业经验（工作年限满 3～5 年），熟知作业流程、操作方法，能够识别作业主要危险点，可以不具有采取相应的预控措施的能力。

答案：错误（电工制造《安规》5.4.3）

【判断题】监护主要内容：落实作业指导书（施工方案）、安全技术措施；确认危险作业人员操作资格和健康状况；检查各类工器具、机械设备、安全防护、劳动防护等配备情况；重点部位与作业环节的事故预控措施落实情况，以及现场发生突发事件的应急处置等情况。

答案：正确（电工制造《安规》5.4.4）

【判断题】危险作业监护人应始终在作业现场监督作业安全，短时间离开时，作业负责人不必另行指定监护人，履行变更手续，并告知全体被监护人员。

答案：错误（电工制造《安规》5.4.5）

【判断题】危险作业监护人应全过程检查作业现场防护措施落实情况，监督作业风险，确保作业安全；有权制止无关人员进入作业区域，制止“三违”（违章指挥、违章作业、违反劳动纪律），及时纠正被监护人员的不安全行为；对安全隐患有权提出处理意见，阻止安全措施不到位的危险作业。

答案：正确（电工制造《安规》5.4.5）

【判断题】高度危险作业时，单位负责人和安监、技术、设备等相关部门主管人员应现场监督。

答案：正确（电工制造《安规》5.4.5）

【填空题】危险作业现场应有明显标志，并有________。

答案：专人监护（电工制造《安规》5.4.1）

【填空题】危险作业负责人应会同监护人告知危险点

和________，并签名。

答案：安全注意事项（电工制造《安规》5.4.2）

【填空题】危险作业监护的主要内容包括现场发生突发事件的________等情况。

答案：应急处置（电工制造《安规》5.4.4）

【填空题】危险作业监护人因故离开现场时，作业负责人必须履行________，并告知全体被监护人员。

答案：变更手续（电工制造《安规》5.4.5）

【填空题】危险作业监护人有权制止无关人员进入作业区域，制止“________”（违章指挥、违章作业、违反劳动纪律）。

答案：三违（电工制造《安规》5.4.5）

【填空题】危险作业监护人有权及时纠正被监护人员的________。

答案：不安全行为（电工制造《安规》5.4.5）

5.5 作业终结、间断制度

5.5.1 作业完工后，应恢复所布置的安全措施（移除装设的护栏围网、取下悬挂的警示标识、拆除已安装的电气接线、开放已封闭的通道等），切断有关设备的电源、气源，清扫整理现场。

5.5.2 作业终结时，作业负责人应会同监护人（必要时还应会同作业场所管理单位责任人）共同组织验收检查，并在作业申请单的相应栏目签名。检查内容主要包括：安全措施是否已全部恢复，现场有无遗留个人物品和其他工具、材料，人员、设备是否全部撤离，动火作业时还应检查现场有无残留火种、是否清洁。

5.5.3 作业终结后，作业负责人应向有关部门和人员汇报。必要时应对作业进行分析、总结，并做好记录。

5.5.4 作业过程中，如遇雷、雨、大风、停电等任何威胁到作业人员安全的情况时，作业负责人或监护人应下令暂停工作。

5.5.5 作业间断时，若作业人员离开作业现场，应采取防止现场发生意外的措施或派人看守。恢复作业前，作业负责人、监护人应检查现场安全措施的完整性和设备、设施的完好状况。

【单选题】危险作业完工后，应恢复所布置的安全措施不包括（　　）。

A. 装设护栏围网　　B. 悬挂警示标识

C. 封闭作业区域通道　　D. 设备设施安全装置

答案：D（电工制造《安规》5.5.1）

【单选题】危险作业完工后，应恢复所布置的（　　）。

A. 管理措施　B. 安全措施　C. 消防措施　D. 警戒线

答案：B（电工制造《安规》5.5.1）

【单选题】危险作业终结后，必要时应对作业进行分析、（　　），并做好记录。

A. 总结　B. 讨论　C. 汇报　D. 学习

答案：A（电工制造《安规》5.5.3）

【单选题】危险作业终结后，作业负责人应（　　）。

A. 立即撤离　　B. 向有关部门和人员汇报

C. 召开专题会议　　D. 告知监护人

答案：B（电工制造《安规》5.5.3）

【单选题】危险作业过程中，如遇雷、雨、大风、停电等任何威胁到作业人员安全的情况时，作业负责人或监护人应下令（　　）。

A. 暂停工作　　B. 继续工作

C. 采取措施继续工作　　D. 立即撤离

答案：A（电工制造《安规》 5.5.4）

【单选题】危险作业间断时，若作业人员离开作业现场，应采取防止现场发生意外的措施或（　　）。

A. 方式　B. 派人看守　C. 手段　D. 方法

答案：B（电工制造《安规》5.5.5）

【单选题】恢复作业（　　），作业负责人、监护人应检查现场安全措施的完整性和设备、设施的完好状况。

A. 前　　B. 中　　C. 后

答案：A（电工制造《安规》5.5.5）

【多选题】危险作业完工后，应恢复所布置的安全措施，切断有关设备的电源、气源，清扫整理现场。下列属于现场布置的安全措施的是（　　）。

A. 装设的护栏围网　　B. 悬挂警示标识

C. 进行安全检查　　D. 封闭作业区域的通道

答案：ABD（电工制造《安规》5.5.1）

【多选题】危险作业终结后，作业负责人应向有关部门和人员汇报，必要时应对作业进行（　　），并做好记录。

A. 分析　　B. 总结　　C. 考核　　D. 检查

答案：AB（电工制造《安规》5.5.3）

【多选题】作业过程中，如遇（　　）等任何威胁到作业人员安全的情况时，作业负责人或监护人应下令暂停工作。

A. 雷　　B. 雨　　C. 大风　　D. 停电

答案：ABCD（电工制造《安规》5.5.4）

【多选题】作业间断时，若作业人员离开作业现场，应采取防止现场发生意外的措施或派人看守。恢复作业前，（　　）应检查现场安全措施的完整性和设备、设施的完好状况。

A. 技术人员　　B. 作业负责人

C. 质量管理人员　　D. 监护人

答案：BD（电工制造《安规》5.5.5）

【判断题】作业完工后，应恢复所布置的安全措施（移除装设的护栏围网、取下悬挂的警示标识、拆除已安装的电气接线、开放已封闭的通道等），切断有关设备的电源、气源，清扫整理现场。

答案：正确（电工制造《安规》5.5.1）

【判断题】危险作业终结后，作业负责人应向有关部门和人员汇报。任何时候都不需要对作业进行分析、总结，并做好记录。

答案：错误（电工制造《安规》5.5.3）

【判断题】作业过程中，如遇雷、雨、大风、停电等任何威胁到作业人员安全的情况时，作业负责人或监护人可采取一定措施后继续作业。

答案：错误（电工制造《安规》5.5.4）

【判断题】作业间断时，若作业人员离开作业现场，应采取防止现场发生意外的措施或派人看守，返回后可直接恢复作业。

答案：错误（电工制造《安规》5.5.5）

【填空题】危险作业完工后，应恢复所布置的________（移除装设的护栏围网、取下悬挂的警示标识、拆除已安装的电气接线、开放已封闭的通道等）。

答案：安全措施（电工制造《安规》5.5.1）

【填空题】危险作业完工后，应恢复所布置的安全措施（移除装设的护栏围网、取下悬挂的________、拆除已安装的电气接线、开放已封闭的通道等）。

答案：警示标识（电工制造《安规》5.5.1）

【填空题】危险作业过程中，如遇雷、雨、大风、停电等任何威胁到作业人员安全的情况时，________应下令暂停工作。

答案：作业负责人或监护人（电工制造《安规》5.5.4）

【填空题】危险作业间断时，若作业人员离开作业现场，应采取防止现场发生意外的措施或________。

答案：派人看守（电工制造《安规》5.5.5）

【填空题】危险作业间断后恢复作业前，作业负责人、________应检查现场安全措施的完整性和设备、设施的完好状况。

答案：监护人（电工制造《安规》5.5.5）

【简答题】作业过程中，遇哪些情况作业负责人或监护人应下令暂停工作？

答案：作业过程中，如遇雷、雨、大风、停电等任何威胁到作业人员安全的情况时，作业负责人或监护人应下令暂停工作。

（电工制造《安规》5.5.4）

【简答题】作业间断时，若作业人员离开作业现场，应采取哪些措施？

答案：作业间断时，若作业人员离开作业现场，应采取防止现场发生意外的措施或派人看守。恢复作业前，作业负责人、监护人应检查现场安全措施的完整性和设备、设施的完好状况。

（电工制造《安规》5.5.5）

【简答题】作业终结时，作业负责人应会同监护人（必要时还应会同作业场所管理单位责任人）共同组织验收检查，并在作业申请单的相应栏目签名。检查内容主要包括哪些？

答案：安全措施是否已全部恢复，现场有无遗留个人物品和其他工具、材料，人员、设备是否全部撤离，动火作业时还应检查现场有无残留火种、是否清洁。

（电工制造《安规》5.5.2）

6 通 用 作 业

6.1 基 本 要 求

6.1.1 对从事电工、金属焊接与切割等特种作业（种类见附录 I）的人员，以及起重机械、场（厂）内专用机动车辆、压力容器（含气瓶）等特种设备作业人员，应进行安全生产知识和操作技能培训，经有关部门考核合格并取得操作证后，方可上岗。

6.1.2 专用设备应在其规定的加工范围内使用，不得超范围使用。

6.1.3 各类设备设施在投入使用前，应编写完整、有效的作业指导书（或操作规程），并经审核后方可执行。

6.1.4 特种设备须经检验检测（检验检测项目及周期见附录 J）合格，且注册登记，取得使用许可证后，方可使用。

6.1.5 各类设备、工器具应有产品合格证，应按规定进行定期检验（起重工具检验项目及周期见附录 K），并在合适、醒目的位置粘贴检验合格证。

6.1.6 作业前，应开展设备点检，重点检查各类机械、设备与器具的结构、连接件、附件、仪表、安全防护与制动装置等齐全完好，并根据额定数据选用，根据需要做好接地、支撑等措施，开启照明、监测、通风、除尘等装置。

【单选题】下列（　　）属于特种作业，作业人员应进行安全生产知识和操作技能培训，经有关部门考核合格并取得操作证后，方可上岗。

A. 电工　　B. 喷漆　　C. 机械加工　　D. 高温作业

答案：A（电工制造《安规》6.1.1）

【单选题】各类设备设施在投入使用前，应编写完整、有效的作业指导书或（　　），并经审核后方可执行。

A. 管理制度　B. 管理程序　C. 操作记录　D. 操作规程

答案：D（电工制造《安规》6.1.3）

【多选题】下列（　　）属于特种作业，作业人员应进行安全生产知识和操作技能培训，经有关部门考核合格并取得操作证后，方可上岗。

A. 电工　　B. 焊接与热切割作业

C. 高处作业　　D. 高温作业

答案：ABC（电工制造《安规》6.1.1）

【多选题】特种设备须经（　　）后方可使用。

A. 检验检测合格　　B. 注册登记

C. 取得使用许可证　　D. 验收评价

答案：ABC（电工制造《安规》6.1.4）

【判断题】特种设备作业人员，应进行安全知识和操作技能培训，经有关部门考核合格并取得操作证后，方可上岗。

答案：正确（电工制造《安规》6.1.1）

【判断题】特种设备作业人员，不需要取得操作证后就可上岗作业。

答案：错误（电工制造《安规》6.1.1）

【判断题】特种设备须经检验检测合格，且注册登记，取得使用许可证后，方可使用。

答案：正确（电工制造《安规》6.1.4）

【判断题】特种设备使用前不需要注册登记。

答案：错误（电工制造《安规》6.1.4）

【判断题】各类设备、工器具应有产品合格证，应按规定进行定期检验，并在合适、醒目的位置粘贴检验合格证。

答案：正确（电工制造《安规》6.1.5）

【判断题】各类设备、工器具应有产品合格证，但不需要进行定期检验。

答案：错误（电工制造《安规》6.1.5）

【填空题】对从事电工、金属焊接与切割等特种作业的人员，以及起重机械、场（厂）内专用机动车辆、压力容器（含气瓶）等特种设备作业人员，应进行________和________培训，经有关部门考核合格并取得________后，方可上岗。

答案：安全生产知识　操作技能　操作证（电工制造《安规》6.1.1）

【填空题】各类设备设施在投入使用前，应编写完整、有效的作业指导书或________，并经审核后方可执行。

答案：操作规程（电工制造《安规》6.1.3）

【填空题】特种设备须经检验检测合格，且注册登记，取得________后，方可使用。

答案：使用许可证（电工制造《安规》6.1.4）

【填空题】各类设备、工器具应有产品合格证，应按规定进行定期检验，并在合适、醒目的位置粘贴________。

答案：检验合格证（电工制造《安规》6.1.5）

6.2 厂内用电作业

6.2.1 厂内用电作业应执行《国家电网公司电力安全工作规程（配电部分）（试行）》相关规定。

6.2.2 在潮湿、有限空间等特殊场所用电作业，应执行GB/T 3805相关规定。

6.2.3 低压临时用电作业前应填写低压临时用电申请单，履行审批手续，并符合如下规定：

a） 低压临时用电作业申请单是低压临时用电作业的依据，不得涂改、不得代签，应认真登记，妥善保管；

b） 低压临时用电每次申请使用期限不得超过15天，若需延长应办理延期手续。同一低压临时用电作业最长时间不得超过三个月；

c） 使用现场应设有安全警示标志，配置符合安全规范的移动式电源箱，或按规范要求从固定的低压配电箱（柜、板）上供电；

d） 在防爆场所使用的临时电源，电器元件和线路应达到相应的防爆技术要求，并采取相应的防爆安全措施；

e） 现场临时用电供电设施的停送及现场临时用电的安装和拆除，应由电气专业人员负责操作，严格执行有关的电气安装规范和电气专业安全规程；

f） 临时供电设施或现场用电设施，应安装剩余电流动作保护器，移动电器、手持式电动工具应加装独立的电源开关和保护，满足一机一闸一保护的要求，严禁一个开关控制两台及以上用电设备；

g） 临时线架空时，其高度在室内应大于 2.5m，室外应大于 4.5m，跨越道路时应大于 6 m；与其他设备、门、窗、水管等的距离应大于 0.3m；未做好绝缘措施不允许用金属物作电线支撑物；沿地面敷设时应有防止线路意外损坏的保护措施；

h） 未经批准，不得变更作业地点和内容，禁止任意增加用电负荷。

【单选题】低压临时用电每次申请使用期限不得超过 15 天，若需延长应办理延期手续。同一低压临时用电作业最长时间不得超过（　　）。

A. 一个月　　B. 两个月　　C. 三个月　　D. 四个月

答案：C（电工制造《安规》6.2.3）

6.3 高处作业与交叉作业

6.3.1 高处作业

6.3.1.1 从事高处作业的人员应每年进行一次体检，保证身体健康。患有精神病、癫痫病或经医师鉴定不宜从事高处作业病症的人员，不准参加高处作业。凡发现工作人员有饮酒、精神不振时，禁止登高作业。

6.3.1.2 高处作业人员应衣着灵便，穿软底防滑鞋，正确佩戴安全带等个人防护用具。工作前应认真检查安全设施的完好情况。

6.3.1.3 高处作业时，地面无关人员不得在坠落半径内停留或穿行。距基准面不同高度的可能坠落范围半径见表 1。

表 1　　距基准面不同高度的可能坠落范围半径

高处作业等级（h 为作业高度）	Ⅰ级（$2m \leqslant h \leqslant 5m$）	Ⅱ级（$5m < h \leqslant 15m$）	Ⅲ级（$15m < h \leqslant 30m$）	Ⅳ级（$h > 30m$）
可能坠落范围半径 m	3	4	5	6
注：可能坠落范围半径是为确定可能坠落范围而规定的相对于作业位置的一段水平距离。				

6.3.1.4 高处作业所使用的梯子、平台、走道、斜道等应牢固，必要时设置防护栏杆。

6.3.1.5 在轻型或简易结构的屋面上工作时，应有防止人员坠落或屋面失稳的可靠措施。

6.3.1.6 高处作业地点、各层平台、走道上的工作人员与堆放物件总质量不得超过允许载荷。

6.3.1.7 企业自制的高处作业平台，应经计算、验证合格。

6.3.1.8 高处作业所用的工具和材料应放在工具袋内或用绳索拴在牢固的构件上，上下传递物件应使用绳索，不得抛掷。

6.3.1.9 高处作业人员上下时，应沿登高梯或使用合格的其他攀登工具，禁止使用绳索或拉线上下。

6.3.1.10 高处作业人员不得坐在平台、孔洞边缘，不得骑坐在栏杆上，不得站在栏杆外工作或凭借栏杆起吊物件。

6.3.1.11 高处作业时，各种工件等应放置在牢靠的地方，并采取防止坠落的措施。

6.3.1.12 高处作业过程中，应随时检查安全带和后备防护设施绑扎的牢固情况。禁止将安全带低挂高用。

6.3.1.13 高处作业人员在攀登或转移作业位置过程中不得失去保护。

【单选题】高处作业过程中，应随时检查安全带和后备防护设施绑扎的牢固情况。安全带应遵循（　　）的使用原则。

A. 高挂低用　　B. 低挂高用

C. 统一水平　　D. 随意挂，牢固就行

答案：A（电工制造《安规》6.3.1.12）

【单选题】从事高处作业的人员应（　　）进行一次体检，保证身体健康。

A. 每半年　　B. 每年　　C. 每两年　　D. 每三年

答案：B（电工制造《安规》6.3.1.1）

6.3.2 交叉作业

6.3.2.1 交叉作业应采取可靠的防高处落物、防坠落等防护措施。

6.3.2.2 交叉作业场所的出入口应设围栏、悬挂警示标志。

6.3.2.3 交叉作业时，上下层人员应相互配合，上层物件未固定前，下层应暂停作业。

【多选题】交叉作业场所的出入口应设（　　）。

A. 围栏　　B. 警示标志

C. 安全警示线　　D. 职业危害告知牌

答案：AB（电工制造《安规》6.3.2.2）

6.5 起 重 作 业

6.5.1 一般规定

6.5.1.1 起重设备、吊索具和其他起重工具的工作负荷不得超过铭牌规定的额定值。起重工器具达到附录 L 规定的条件时应予以报废，严禁使用已达报废标准的起重工器具。

6.5.1.2 起重吊钩应挂在物件的重心线上。起吊大件或不规则组件时，应在吊件上拴以牢固的控制绳。

6.5.1.3 起吊前应检查起重设备及其安全装置，重物吊离地面

约 100mm 时应暂停起吊，并进行全面检查，确认无误后方可继续起吊。

6.5.1.4 桥式起重机作业前，应检查机械结构外观是否正常、各连接件有无松动、绳卡设置是否规范、各安全限位装置是否齐全完好，以及钢丝绳外表等情况，并做好记录。

6.5.1.5 起重工作区域内无关人员不得停留或通过。起吊过程中起重臂及吊物的下方，任何人员不得通过或停留。

6.5.1.6 流动式起重机工作前应支撑可靠并满足起重承载要求。

6.5.1.7 两人以上进行吊装作业时，应指定专人进行指挥，指挥人员应严格按照 GB 5082 的标准与起重机司机联络，做到准确无误。

6.5.1.8 指挥人员应熟知 GB 6067 和 LD 48 要求。

6.5.1.9 作业时不得斜拉歪吊。落钩时，若吊物未固定稳妥，禁止松钩。

6.5.1.10 起吊过程中，吊物上不得站人。不得利用吊钩升降人员。

6.5.1.11 起重机吊运重物时严禁从人员或设备设施上方通过。

6.5.1.12 吊起的重物不得在空中长时间停留。在空中短时间停留时，操作人员和指挥人员均不得离开工作岗位。

6.5.1.13 吊运大型物件前，应制定安全吊装方案，经单位负责人批准后实施。

6.5.1.14 多台起重机械同时作业，应制定联合作业方案，按比例估算每台起重机的载荷，并确保起升钢丝绳保持垂直状态。多台起重机所受的合力不得超过各台起重机单独起升操作时的额定载荷。如达不到上述要求，应降低额定起重能力至 80%。吊运时，起重指挥人员应站在能同时看到起重机司机和负载的安全位置。

6.5.1.15 在地面用遥控器操作桥式起重机吊运时，应配置专人对吊物进行挂钩、取钩、稳钩、安全放置吊物等，并严格按照指令操作。操作完毕后，应将遥控器妥善保管或交专人管理。

6.5.1.16 有主、副钩两套起升机构的起重机，主、副钩不得同时开动。

6.5.1.17 起重机在工作中如遇机械发生故障或有异常现象时，应放下吊物、停止运转后进行排除，不得在运转中进行调整或检修。若起重机发生故障无法放下吊物时，应采取适当的安全措施，除排险人员外，禁止其他任何人进入危险区域。

6.5.1.18 不明重量、埋在地下或冻结在地面上的物件，不得起吊。

6.5.1.19 在轨道上露天作业的起重机，当工作结束时，应将起重机锚定住；当风力大于 6 级时，应停止工作，并将起重机锚定住。对于门座起重机等在沿海工作的起重机，当风力大于 6 级时，应采取有效的措施方可工作；当风力大于 7 级时，应停止工作，并将起重机锚定住。

【单选题】起吊前应检查起重设备及其安全装置，重物吊离地面约（　　）mm 时应暂停起吊，并进行全面检查，确认无误后方可继续起吊。

A. 100　　B. 200　　C. 300　　D. 400

答案：A（电工制造《安规》6.5.1.3）

【单选题】多台起重机械同时作业，应制定联合作业方案，按比例估算每台起重机的载荷，并确保起升钢丝绳保持垂直状态。多台起重机所受的合力不得超过各台起重机单独起升操作时的额定载荷。如达不到上述要求，应降低额定起重能力至（　　）。

A. 60%　　B. 70%　　C. 80%　　D. 90%

答案：C（电工制造《安规》6.5.1.14）

【单选题】在轨道上露天作业的起重机，当工作结束时，应将起重机锚定住；当风力大于（　　）级时，应停止工作，并将起重机锚定住。

A. 5　　B. 6　　C. 7　　D. 8

答案：B（电工制造《安规》6.5.1.19）

【单选题】对于门座起重机等在沿海工作的起重机，当风力大于（　　）级时，应停止工作，并将起重机锚定住。

A. 5　　　B. 6　　　C. 7　　　D. 8

答案：C（电工制造《安规》 6.5.1.19）

【判断题】起重设备、吊索具和其他起重工具的工作负荷不得超过铭牌规定的额定值。

答案：正确（电工制造《安规》6.5.1.1）

【判断题】起吊过程中，吊物上摇晃不稳固时，可以站人手扶。

答案：错误（电工制造《安规》6.5.1.10）

【判断题】起重吊装时，可以用吊钩升降人员。

答案：错误（电工制造《安规》6.5.1.10）

【判断题】吊起的重物不得在空中长时间停留。在空中短时间停留时，操作人员和指挥人员均不得离开工作岗位。

答案：正确（电工制造《安规》6.5.1.12）

【判断题】多台起重机械同时作业，应制定联合作业方案，按比例估算每台起重机的载荷，并确保起升钢丝绳保持垂直状态。多台起重机所受的合力不得超过各台起重机单独起升操作时的额定载荷。如达不到上述要求，应降低额定起重能力至80%。

答案：正确（电工制造《安规》6.5.1.14）

【判断题】有主、副钩两套起升机构的起重机，主、副钩不得同时开动。

答案：正确（电工制造《安规》6.5.1.16）

【判断题】有主、副钩两套起升机构的起重机，主、副钩可以同时开动、使用。

答案：错误（电工制造《安规》6.5.1.16）

【判断题】埋在地下或冻结在地面上的物件，不得起吊。

答案：正确（电工制造《安规》6.5.1.18）

【判断题】在轨道上露天作业的起重机，当工作结束时，应将起重机锚定住；当风力大于6级时，应停止工作，并将起重机锚定住。

答案：正确（电工制造《安规》6.5.1.19）

【判断题】对于门座起重机等在沿海工作的起重机，当风力大于 7 级时，应停止工作，并将起重机锚定住。

答案：正确（电工制造《安规》6.5.1.19）

【填空题】起重吊钩应挂在物件的________线上。

答案：重心（电工制造《安规》6.5.1.2）

【填空题】多台起重机械同时作业，应制定联合作业方案，按比例估算每台起重机的载荷，并确保起升钢丝绳保持垂直状态。多台起重机所受的合力不得超过各台起重机单独起升操作时的额定载荷。如达不到上述要求，应降低额定起重能力至________。

答案：80%（电工制造《安规》6.5.1.14）

【填空题】吊运大型物件前，应制定安全吊装方案，经________批准后实施。

答案：单位负责人（电工制造《安规》6.5.1.13）

【填空题】在轨道上露天作业的起重机，当工作结束时，应将起重机锚定住，当风力大于________级时，应停止工作，并将起重机锚定住。

答案：6（电工制造《安规》6.5.1.19）

【填空题】对于门座起重机等在沿海工作的起重机，当风力大于________级时，应停止工作，并将起重机锚定住。

答案：7（电工制造《安规》6.5.1.19）

6.5.2 流动式起重机

6.5.2.1 起重机停放或行驶时，其车轮、支腿或履带的前端或外侧与沟、坑边缘的距离不得小于沟、坑深度的 1.2 倍，否则应采取防倾、防坍塌措施。

6.5.2.2 起重机行驶时，应将臂杆放在支架上，吊钩挂在保险杠的挂钩上，并将钢丝绳拉紧。

6.5.2.3 工作时，起重机应先放下支腿，并置于平坦、坚实的地面上。不得在暗沟、地下管线等上面作业，确不能避免时，应采取安全防护措施，不准超过暗沟、地下管线允许的承载力。

6.5.2.4 起吊工作完毕后，应先将臂杆放在支架上，然后再起腿。

【单选题】起重机停放或行驶时，其车轮、支腿或履带的前端或外侧与沟、坑边缘的距离不得小于沟、坑深度的（ ）倍，否则应采取防倾、防坍塌措施。

A. 1.1 B. 1.2 C. 1.3 D. 1.4

答案：B（电工制造《安规》6.5.2.1）

【填空题】起重机停放或行驶时，其车轮、支腿或履带的前端或外侧与沟、坑边缘的距离不得小于沟、坑深度的________倍，否则应采取防倾、防坍塌措施。

答案：1.2（电工制造《安规》6.5.2.1）

6.5.3 塔式起重机

6.5.3.1 非操作、检修人员不得攀爬起重机；操作或检修人员上下时，不得手拿工具或器材。

6.5.3.2 起重机作业完毕后，小车变幅的起重机应将起重小车置于起重臂根部，摘除吊钩上的吊索。

【判断题】操作或检修人员上下塔式起重机时，不得手拿工具或器材。

答案：正确（电工制造《安规》6.5.3.1）

6.5.4 桥式起重机

6.5.4.1 作业前应进行空载运转，确认各机构运转正常、制动可靠、各限位开关灵敏有效后，方可作业。

6.5.4.2 开动前，应先发出警示信号示意，重物提升和下降操作应平稳匀速。提升大件时，不得用急速，应使用牢固的控制绳防止摆动。

6.5.4.3 空车行走时，吊钩应收紧并离地面 2m 以上。

6.5.4.4 吊起重物后应慢速行驶，行驶中不得突然变速或倒退。

6.5.4.5 任何人不得在桥式起重机的轨道上行走或站立。特殊情况需在轨道上进行作业时，应与桥式起重机的操作人员取得联系，桥式起重机应停止运行。

6.5.4.6 厂房内的桥式起重机作业完毕后，应停放在指定地点。

【单选题】桥式起重机空车行走时，吊钩应收紧并离地面（ ）m 以上。

A. 1　　B. 2　　C. 3　　D. 4

答案：B（电工制造《安规》6.5.4.3）

【多选题】对桥式起重机的使用规定，下列中正确的是（ ）。

A. 作业前应进行空载运转，确认各机构运转正常、制动可靠、各限位开关灵敏有效

B. 开动前，应先发出警示信号示意，重物提升和下降操作应平稳匀速

C. 空车行走时，吊钩应收紧并离地面 1m 以上

D. 任何人不得在桥式起重机的轨道上行走或站立

答案：ABD（电工制造《安规》6.5.4）

【填空题】桥式起重机空车行走时，吊钩应收紧并离地面________m 以上。

答案：2（电工制造《安规》6.5.4.3）

6.5.5 电动葫芦

6.5.5.1 起吊物件应捆扎牢固。电动葫芦吊重物行走时，重物下端离地不宜超过 0.5m。工作间歇期间不得将重物悬挂在空中。

6.5.5.2 作业完毕后，应将电动葫芦停放在指定位置，吊钩升起，并切断电源，锁好开关箱。

【单选题】电动葫芦吊重物行走时，重物下端离地不宜超过（ ）m。

A. 0.5　　B. 1　　C. 1.5　　D. 2

答案：A（电工制造《安规》 6.5.5.1）

【多选题】对电动葫芦的使用规定，下列中正确的是（ ）。

A. 起吊物件应捆扎牢固

B. 电动葫芦吊重物行走时，重物下端离地不宜超过 0.5m

C. 工作间歇期间不得将重物悬挂在空中

D. 作业完毕后，应将电动葫芦停放在指定位置，吊钩升起，并切断电源，锁好开关箱

答案：ABCD（电工制造《安规》6.5.5）

【填空题】 电动葫芦吊重物行走时，重物下端离地不宜超过 ________ m。

答案：0.5（电工制造《安规》6.5.5.1）

6.5.6 起重工器具

6.5.6.1 钢丝绳：

a） 钢丝绳应按出厂技术数据使用，并满足使用场所安全系数要求；

b） 应根据物体的重量及起吊钢丝绳与吊钩垂直线间的夹角大小来选用起吊钢丝绳；

c） 钢丝绳不得与物体的棱角直接接触，应在棱角处垫以半圆管、木板或其他柔软物；

d） 起升机构和非平衡变幅机构不得使用接长的钢丝绳；

e） 钢丝绳在机械运动中，不得与其他物体发生滑动摩擦；

f） 钢丝绳不得与任何带电体、炽热物体或火焰接触；

g） 钢丝绳不得直接相互套挂连接；

h） 钢丝绳的端部固定应选用与其直径相应的锥形套、编结套、楔形套、绳卡、压制接头、压板等方法进行固定；

i） 钢丝绳绳头采用编结连接时，编结长度应大于钢丝绳直径的 15 倍，最小不得小于 300mm。连接强度不得小于钢丝绳破断拉力的 75%。通过滑轮钢丝绳不应采用编结连接。

6.5.6.2 卸扣：

a） 禁止使用铸造卸扣，卸扣表面应光滑平整，不得存在裂缝、过烧等严重缺陷，严禁对裂缝等缺陷进行焊接修补；

b） 卸扣的销子不得扣在活动性较大的索具内；

c） 卸扣不得横向受力，不得使卸扣处于吊件的转角处；

d） 卸扣的扣体或者轴销发生永久性变形或者损坏达到报废标准时应立即更换。

6.5.6.3 合成纤维吊装带：

a） 选择吊装带时，应根据 JB/T 8521.1、JB/T 8521.2 中所列的方式系数和提升物品的性质选择所需的极限工作载荷；使用中应避免与尖锐棱角接触，如无法避免应装设合适的护套；

b） 吊装带使用期间，应经常检查是否存在表面擦伤、割口、承载芯裸露、化学侵蚀、热损伤或摩擦损伤、端配件损伤或变形等缺陷。如果有任何影响使用的状况，应立即停止使用。

6.5.6.4 麻绳（剑麻白棕绳）、纤维绳：

a） 麻绳、纤维绳用作吊绳时，其允许应力不得大于 $0.98kN/cm^2$；用作绑扎绳时，允许应力应降低 50%；

b） 麻绳、纤维绳出现霉烂、腐蚀、损伤等现象时，或出现松股、散股、严重磨损、断股者，均应予以报废；

c） 纤维绳在潮湿状态下的允许荷重应降低 50%；

d） 切断绳索时，应先将预定切断的两边用软钢丝扎紧；连接绳索时，应采用编结法，不得采用打结法。

6.5.6.5 吊钩：

a） 吊钩表面应光滑，不得存在裂纹、锐角、毛刺、剥裂、过烧等影响安全使用性能的缺陷；吊钩缺陷不得焊补；不得在吊钩上钻孔或焊接；

b） 自制吊钩的技术条件应符合 GB/T 10051.1、GB/T 10051.2 的规定；

c） 板钩钩片的纵轴应位于钢板的轧制方向，且钩片不得拼接；

d） 板钩钩片应用沉头铆钉连接，但板钩与起吊物吊点接触的高应力弯曲部位不得用铆钉连接；

e） 板钩叠片间不得全封闭焊接，只允许有间断焊接。

6.5.6.6 滑轮：

a） 使用前，应检查滑轮的轮槽、轮轴、夹板、吊钩等部分有无裂缝或损伤，滑轮转动是否灵活，润滑是否良好，同时滑轮槽宽应比钢丝绳直径大 1mm～2.5mm；

b） 使用时，应按其标定的允许荷载度使用，严禁超载使用；

c） 滑轮的吊钩或吊环应与被吊物的重心在同一垂直线上，使被吊物能平稳起升；

d） 在受力方向变化较大的场合和高处作业中，应采用吊环式滑车；如采用吊钩式滑车，应对吊钩采取封口保险措施；

e） 根据起吊吨位的大小，滑轮组的定、动滑轮之间应保持 0.7m～1.2m 的最小距离。滑车起重量与滑轮中心距对照见表 2。

表 2　　滑车起重量与滑轮中心距对照表

滑车起重量 t	1	5	10～20	32～50
滑轮中心最小允许距离 mm	700	900	1000	1200

【单选题】纤维绳在潮湿状态下的允许荷重应降低（　　）。

A. 40%　　B. 50%　　C. 60%　　D. 70%

答案：B（电工制造《安规》6.5.6.4）

【多选题】对钢丝绳的安全管理要求，下列中正确的是（　　）。

A. 钢丝绳不得与物体的棱角直接接触，应在棱角处垫以半圆管、木板或其他柔软物

B. 钢丝绳在机械运动中，不得与其他物体发生滑动摩擦

C. 钢丝绳可以直接相互套挂连接

D. 钢丝绳的端部固定应选用与其直径相应的锥形套、编结套、楔形套、绳卡、压制接头、压板等方法进行固定

答案：ABD（电工制造《安规》6.5.6.1）

【多选题】对卸扣的安全管理要求，下列中正确的是（　　）。

A. 禁止使用铸造卸扣，卸扣表面应光滑平整，不得存在裂缝、过烧等严重缺陷

B. 对卸扣中存在的裂缝等缺陷可以进行焊接修补

C. 卸扣不得横向受力，不得使卸扣处于吊件的转角处

D. 卸扣的扣体或者轴销发生永久性变形或者损坏达到报废标准时应立即更换

答案：ACD（电工制造《安规》6.5.6.2）

【多选题】对麻绳、纤维绳的安全管理要求，下列中正确的是（　　）。

A. 麻绳、纤维绳用作吊绳时，其允许应力不得大于 $0.98kN/cm^2$

B. 麻绳、纤维绳出现霉烂、腐蚀、损伤等现象时，或出现松股、散股、严重磨损、断股者，均应予以报废

C. 纤维绳在潮湿状态下的允许荷重应降低50%

D. 切断绳索时，应先将预定切断的两边用软钢丝扎紧；连接绳索时，应采用编结法，不得采用打结法

答案：ABCD（电工制造《安规》6.5.6.4）

【多选题】对吊钩的安全管理要求，下列中正确的是（　　）。

A. 吊钩表面应光滑，不得存在裂纹、锐角、毛刺、剥裂、过烧等影响安全使用性能的缺陷

B. 吊钩缺陷可以进行焊补

C. 板钩钩片的纵轴应位于钢板的轧制方向，且钩片不得拼接

D. 板钩叠片间不得全封闭焊接，只允许有间断焊接

答案：ACD（电工制造《安规》6.5.6.5）

【多选题】对滑轮的安全管理要求，下列中正确的是(　　)。

A. 使用前，应检查滑轮的轮槽、轮轴、夹板、吊钩等部分有无裂缝或损伤

B. 使用时，应按其标定的允许荷载度使用，严禁超载使用

C. 滑轮的吊钩或吊环应与被吊物的重心在同一垂直线上，使被吊物能平稳起升

D. 在受力方向变化较大的场合和高处作业中，应采用吊环式滑车；如采用吊钩式滑车，应对吊钩采取封口保险措施

答案：ABCD（电工制造《安规》6.5.6.6）

6.6 运 输 作 业

6.6.1 装卸与人工搬运

6.6.1.1 搬运的过道应平坦畅通，夜间搬运应有足够的照明。

6.6.1.2 用人工搬运或装卸重大物件而需要搭跳板时，应使用厚度大于50mm的木板，跳板中部应设有支持物，防止木板过度弯曲。从斜跳板上卸物件时，应用绳子将物件从后面拴住，工作人员应站在卸放重物的两侧，不准站在卸放重物的正下方。

6.6.1.3 不准肩扛重物登上移动式梯子或软梯。

6.6.1.4 用管子滚动搬运时应遵守下列规定：

a） 应由专人负责指挥；

b） 管子应能承受重压，直径相同；

c） 管子承受重物后两端各应露出约300mm，便于调节转向；

d） 重物滚动搬运时，应将管子放置在重物移动的前方，并留有裕度。搬运中需要添加滚杠时，应停止移动。在搬运中需要调正方向时，应停止移动，使用锤击，禁止用手去拿受压的管子；

e） 重物上、下坡时，应用木楔垫牢管子，防止管子滚下；下坡时，应使用控制绳控制重物的速度与重心，防止下

滑过快。

【单选题】搬运作业的过道应（　　），夜间搬运应有足够的（　　）。

A. 平坦畅通，照明　　B. 笔直畅通，照明

C. 平坦畅通，人员监护　　D. 笔直畅通，照明

答案：A（电工制造《安规》6.6.1.1）

【单选题】用人工搬运或装卸重大物件而需要搭跳板时，应使用厚度大于（　　）mm 的木板，跳板中部应设有支持物，防止木板过度弯曲。

A. 30　　B. 40　　C. 50　　D. 60

答案：C（电工制造《安规》6.6.1.2）

【单选题】用人工搬运或装卸重大物件而需要搭跳板时，应使用厚度大于 50mm 的木板，跳板中部应设有（　　），防止木板过度弯曲。

A. 刻度　　B. 警示标识　　C. 保护挡板　　D. 支持物

答案：D（电工制造《安规》6.6.1.2）

【单选题】从斜跳板上卸物件时，应用绳子将物件从（　　）拴住，工作人员应站在卸放重物的两侧，不准站在卸放重物的正下方。

A. 左侧　　B. 右侧　　C. 前面　　D. 后面

答案：D（电工制造《安规》6.6.1.2）

【单选题】从斜跳板上卸物件时，应用绳子将物件从后面拴住，工作人员应站在卸放重物的（　　），不准站在卸放重物的正下方。

A. 前方　　B. 两侧　　C. 后方　　D. 右侧

答案：B（电工制造《安规》6.6.1.2）

【单选题】从斜跳板上卸物件时，应用绳子将物件从后面拴住，工作人员应站在卸放重物的两侧，不准站在卸放重物的（　　）。

A. 前方　　B. 后方　　C. 正下方　　D. 上方

答案：C（电工制造《安规》6.6.1.2）

【单选题】不准肩扛重物登上（　　）或软梯。

A. 移动式梯子　　B. 直梯

C. 人字梯　　D. 工业梯台

答案：A（电工制造《安规》6.6.1.3）

【单选题】用管子滚动搬运时（　　）。

A. 可无人指挥　　B. 由专人负责指挥

C. 为方便观察可多人指挥　　D. 左右两侧各一人指挥

答案：B（电工制造《安规》6.6.1.4）

【单选题】用管子滚动搬运时，管子承受重物后两端各应露出约（　　）mm，便于调节转向。

A. 100　　B. 150　　C. 200　　D. 300

答案：D（电工制造《安规》6.6.1.4）

【单选题】用管子滚动搬运时，管子承受重物后两端各应露出约300mm，用于（　　）。

A. 调节转向　B. 方便搬运　C. 做着力点　D. 做支撑点

答案：A（电工制造《安规》6.6.1.4）

【单选题】重物滚动搬运时，应将管子放置在重物移动的（　　），并（　　）。

A. 后方，留有裕度　　B. 前方，留有裕度

C. 后方，随时补充　　D. 前方，随时补充

答案：B（电工制造《安规》6.6.1.4）

【单选题】用管子滚动搬运作业中，下列操作错误的是（　　）。

A. 用管子滚动搬运时，可无人指挥

B. 重物滚动搬运时，应将管子放置在重物移动的前方，并留有裕度

C. 管子应能承受重压，直径相同

D. 管子承受重物后两端各应露出约300mm，便于调节转向

答案：A（电工制造《安规》6.6.1.4）

【单选题】在搬运中需要调正方向时，应（　　），使用（　　），禁止用手去拿受压的管子。

A. 边搬运边调正，锤击　　B. 停止移动，锤击

C. 边搬运边调正，撬棍　　D. 停止移动，撬棍

答案：B（电工制造《安规》6.6.1.4）

【单选题】重物上、下坡时，应用木楔垫牢管子，防止管子（　　）；下坡时，应使用控制绳控制重物的（　　），防止下滑过快。

A. 位移，滚动方向　　B. 滚下，速度与重心

C. 位移，速度与重心　　D. 滚下，滚动方向

答案：B（电工制造《安规》6.6.1.4）

【单选题】下列操作错误的是（　　）。

A. 搬运的过道应平坦畅通，夜间搬运应有足够的照明

B. 用人工搬运或装卸重大物件而需要搭跳板时，应使用厚度大于50mm的木板

C. 不准肩扛重物登上移动式梯子或软梯

D. 从斜跳板上卸物件时，应用绳子将物件从正面拴住

答案：D（电工制造《安规》6.6.1.1、6.6.1.2、6.6.1.3）

【单选题】用管子滚动搬运作业中，下列操作错误的是（　　）。

A. 搬运中需要添加滚杠时，应边添加边移动

B. 在搬运中需要调正方向时，应停止移动，使用锤击

C. 在搬运中需要调正方向时，禁止用手去拿受压的管子

D. 重物上、下坡时，应用木楔垫牢管子，防止管子滚下

答案：A（电工制造《安规》6.6.1.4）

【单选题】装卸与人工搬运作业中，下列说法错误的是（　　）。

A. 不准肩扛重物登上移动式梯子或人字梯

B. 重物滚动搬运时，应将管子放置在重物移动的前方，并留有裕度

C. 用人工搬运或装卸重大物件而需要搭跳板时，跳板中部应设有支持物，防止木板过度弯曲

D. 从斜跳板上卸物件时，不准站在卸放重物的正下方

答案：A（电工制造《安规》6.6.1.2、6.6.1.3、6.6.1.4）

【单选题】下列关于搬运作业说法错误的是（　　）。

A. 搬运的过道应平坦畅通，夜间搬运应有足够的照明

B. 用管子滚动搬运时应由专人负责指挥

C. 用管子滚动搬运时管子应能承受重压，直径相同

D. 在搬运中需要调正方向时，应停止移动，使用锤击，可以用手去拿受压的管子

答案：D（电工制造《安规》6.6.1）

【单选题】下列关于搬运作业说法正确的是（　　）。

A. 搬运的过道应平坦畅通，夜间搬运可不进行照明

B. 用人工搬运或装卸重大物件而需要搭跳板时，应使用厚度大于 40mm 的木板

C. 跳板中部应设有支持物，防止木板位移

D. 从斜跳板上卸物件时，应用绳子将物件从后面拴住

答案：D（电工制造《安规》6.6.1）

【单选题】下列说法正确的是（　　）。

A. 从斜跳板上卸物件时，应用绳子将物件从后面拴住

B. 搬运中需要添加滚杠时，应边添加边移动

C. 下坡时，应使用绳子控制重物前进方向，防止下滑过快

D. 在搬运中需要调正方向时，应停止移动，使用锤击，可以用手去拿受压的管子

答案：A（电工制造《安规》6.6.1）

【单选题】用管子滚动搬运时，正确的是（　　）。

A. 可无人负责指挥

B. 管子应能承受重压，直径相同

C. 管子承受重物后两端各应露出约400mm，便于调节转向

D. 重物滚动搬运时，应将管子放置在重物移动的后方，并留有裕度

答案：B（电工制造《安规》6.6.1.1）

【多选题】用管子滚动搬运时应遵守下列规定（　　）。

A. 应由专人负责指挥

B. 管子应能承受重压，直径相同

C. 管子承受重物后两端各应露出约300mm，便于调节转向

D. 重物滚动搬运时，应将管子放置在重物移动的前方，并留有裕度

答案：ABCD（电工制造《安规》6.6.1.4）

【判断题】搬运的过道应平坦畅通，夜间搬运应有足够的照明。

答案：正确（电工制造《安规》6.6.1.1）

【判断题】用人工搬运或装卸重大物件而需要搭跳板时，应使用厚度大于30mm的木板。

答案：错误（电工制造《安规》6.6.1.2）

【判断题】跳板中部应设有支持物，防止木板过度弯曲。

答案：正确（电工制造《安规》6.6.1.2）

【判断题】从斜跳板上卸物件时，应用绳子将物件从前面拴住，工作人员应站在卸放重物的两侧，不准站在卸放重物的正下方。

答案：错误（电工制造《安规》6.6.1.2）

【判断题】不准肩扛重物登上移动式梯子或软梯。

答案：正确（电工制造《安规》6.6.1.3）

【判断题】用管子滚动搬运时应由专人负责指挥。

答案：正确（电工制造《安规》6.6.1.4）

【判断题】用管子滚动搬运时，管子应能承受重压，直径相同。

答案：正确（电工制造《安规》6.6.1.4）

【判断题】用管子滚动搬运时，管子承受重物后两端各应露出约 500mm，便于调节转向。

答案：错误（电工制造《安规》6.6.1.4）

【判断题】重物滚动搬运时，应将管子放置在重物移动的前方，并留有裕度。

答案：正确（电工制造《安规》6.6.1.4）

【判断题】搬运中需要添加滚杠时，可边移动边添加。

答案：错误（电工制造《安规》6.6.1.4）

【判断题】在用管子滚动搬运中需要调正方向时，应停止移动，使用锤击，禁止用手去拿受压的管子。

答案：正确（电工制造《安规》6.6.1.4）

【判断题】重物上、下坡时，应用木楔垫牢管子，防止管子滚下；下坡时，应使用控制绳控制重物的前进方向，防止下滑过快。

答案：错误（电工制造《安规》6.6.1.4）

【填空题】搬运的过道应平坦畅通，夜间搬运应有足够的________。

答案：照明（电工制造《安规》6.6.1.1）

【填空题】用人工搬运或装卸重大物件而需要搭跳板时，应使用厚度大于________mm 的木板，跳板中部应设有支持物，防止木板过度弯曲。

答案：50（电工制造《安规》6.6.1.2）

【填空题】从斜跳板上卸物件时，应用绳子将物件从后面拴住，工作人员应站在卸放重物的________，不准站在卸放重物的正下方。

答案：两侧（电工制造《安规》6.6.1.2）

【填空题】不准肩扛重物登上________或软梯。

答案：移动式梯子（电工制造《安规》6.6.1.3）

【填空题】用管子滚动搬运时，管子应能承受重压，________

相同。

答案：直径（电工制造《安规》6.6.1.4）

【填空题】用管子滚动搬运时，管子承受重物后两端各应露出约300mm，便于________。

答案：调节转向（电工制造《安规》6.6.1.4）

【填空题】用管子滚动搬运时，搬运重物应将管子放置在重物移动的前方，并留有________。

答案：裕度（电工制造《安规》6.6.1.4）

【填空题】用管子滚动搬运时，搬运重物过程中需要添加滚杠时，应________。

答案：停止移动（电工制造《安规》6.6.1.4）

【填空题】用管子滚动搬运重物上、下坡时，应用木楔垫牢管子，防止管子滚下；下坡时，应使用控制绳控制重物的________，防止下滑过快。

答案：速度与重心（电工制造《安规》6.6.1.4）

【简答题】简述用管子滚动搬运重物需调整方向时，应如何处理。

答案：在搬运中需要调正方向时，应停止移动，使用锤击，禁止用手去拿受压的管子。

（电工制造《安规》6.6.1.4）

【问答题】说明如何搭设跳板进行搬运。

答案：用人工搬运或装卸重大物件而需要搭跳板时，应使用厚度大于50mm的木板，跳板中部应设有支持物，防止木板过度弯曲。从斜跳板上卸物件时，应用绳子将物件从后面拴住，工作人员应站在卸放重物的两侧，不准站在卸放重物的正下方。

（电工制造《安规》6.6.1.2）

【问答题】说明用管子滚动搬运时应遵守的规定。

答案：（1）应由专人负责指挥。

（2）管子应能承受重压，直径相同。

（3）管子承受重物后两端各应露出约300mm，便于调节转向。

（4）重物滚动搬运时，应将管子放置在重物移动的前方，并留有裕度；搬运中需要添加滚杠时，应停止移动；在搬运中需要调正方向时，应停止移动，使用锤击，禁止用手去拿受压的管子。

（5）重物上、下坡时，应用木楔垫牢管子，防止管子滚下；下坡时，应使用控制绳控制重物的速度与重心，防止下滑过快。

（电工制造《安规》6.6.1.4）

6.6.2 叉车运输

6.6.2.1 叉车使用前，应对行驶、升降、前倾等机构进行检查。

6.6.2.2 叉车只可由司机一人驾驶，其他人不得搭乘。

6.6.2.3 叉车不得快速起动、急转弯或突然制动。在转弯、拐角、斜坡及弯曲道路上应低速行驶。倒车时，不得用紧急制动。

6.6.2.4 禁止单叉作业或用货叉顶物、拉物。

6.6.2.5 禁止使用叉车运送危险化学品。

6.6.2.6 运输作业时，若载荷有碍视线，载荷应位于车辆运行方向的后方。若车辆运行时要求载荷位于车辆运行方向的前方（如堆垛或爬坡），应由指定人员引导。

6.6.2.7 叉车工作结束后，应将货叉放至最低位置，关闭所有控制器，切断动力源，扳下制动闸，并取出钥匙后方可离开。

【单选题】叉车荷载（ ）人。

A. 1　　B. 2　　C. 3　　D. 4

答案：A（电工制造《安规》6.6.2.2）

【单选题】叉车可搭乘（ ）人。

A. 0　　B. 1　　C. 2　　D. 3

答案：A（电工制造《安规》6.6.2.2）

【单选题】叉车不得快速起动、急转弯或（ ）。在转弯、拐角、斜坡及弯曲道路上应低速行驶。倒车时，不得（ ）。

A. 突然制动，紧急制动

B. 持续加速，紧急制动

C. 突然制动，加速

D. 持续加速，加速

答案：A（电工制造《安规》6.6.2.3）

【单选题】若车辆运行时要求载荷位于车辆运行方向的前方（如堆垛或爬坡），应（　　）。

A. 下车观察　　B. 两侧指定人员引导

C. 由指定人员引导　　D. 直接前进

答案：C（电工制造《安规》6.6.2.6）

【单选题】叉车工作结束后停车顺序应为（　　）。

A. 将货叉放至最低位置，关闭所有控制器，切断动力源，扳下制动闸，取出钥匙

B. 将货叉放至最低位置，切断动力源，关闭所有控制器，扳下制动闸，取出钥匙

C. 将货叉放至最低位置，关闭所有控制器，扳下制动闸，切断动力源，取出钥匙

D. 将货叉放至最低位置，扳下制动闸，关闭所有控制器，切断动力源，取出钥匙

答案：A（电工制造《安规》6.6.2.7）

【单选题】叉车运输作业中，下列操作正确的是（　　）。

A. 叉车可以不进行检查直接启动

B. 叉车可搭乘相关工作人员

C. 叉车不得快速起动、急转弯或突然制动

D. 叉车倒车时，可以使用紧急制动

答案：C（电工制造《安规》6.6.2）

【单选题】叉车运输作业中，下列操作错误的是（　　）。

A. 禁止单叉作业或用货叉顶物、拉物

B. 可以使用叉车运送危险化学品

C. 叉车不得快速起动、急转弯或突然制动

D. 叉车只可由司机一人驾驶，其他人不得搭乘

答案：B（电工制造《安规》6.6.2）

【单选题】运输作业时，若载荷（　　），载荷应位于车辆运行方向的后方。若车辆运行时要求载荷位于车辆运行方向的（　　）（如堆垛或爬坡），应由指定人员引导。

A. 有碍视线，前方　　B. 有碍视线，后方

C. 超宽，前方　　D. 超宽，后方

答案：A（电工制造《安规》6.6.2.6）

【单选题】下列关于叉车使用说法错误的是（　　）。

A. 驾驶员视工作情况，可单叉作业或用货叉顶物、拉物

B. 叉车使用前，应对行驶、升降、前倾等机构进行检查

C. 禁止使用叉车运送危险化学品

D. 叉车工作结束后，应将货叉放至最低位置

答案：A（电工制造《安规》6.6.2）

【单选题】下列关于叉车使用说法错误的是（　　）。

A. 叉车只可由司机一人驾驶，其他人不得搭乘

B. 禁止单叉作业或用货叉顶物、拉物

C. 叉车不得快速起动、急转弯或突然制动

D. 在转弯、拐角、斜坡及弯曲道路上应匀速行驶

答案：D（电工制造《安规》6.6.2）

【单选题】叉车作业过程中，禁止（　　）。

A. 运送危险化学品

B. 临时停车

C. 负荷遮挡视线

D. 在转弯、拐角、斜坡及弯曲道路上低速行驶

答案：A（电工制造《安规》6.6.2.5）

【单选题】叉车作业过程中，可以（　　）。

A. 单叉作业或用货叉顶物、拉物

B. 运送危险化学品

C. 快速起动、急转弯或突然制动

D. 在转弯、拐角、斜坡及弯曲道路上应低速行驶

答案：D（电工制造《安规》6.6.2）

【多选题】叉车使用前，应对（　　）等机构进行检查。

A. 行驶　　B. 升降　　C. 前倾　　D. 电气系统

答案：ABC（电工制造《安规》6.6.2.1）

【多选题】叉车在（　　）上应低速行驶。

A. 转弯　　B. 拐角　　C. 斜坡　　D. 弯曲道路

答案：ABCD（电工制造《安规》6.6.2.3）

【多选题】叉车不得（　　）。

A. 快速起动　　B. 急转弯

C. 突然制动　　D. 倒车时紧急制动

答案：ABCD（电工制造《安规》6.6.2.3）

【判断题】叉车使用前，应对行驶、升降、前倾等机构进行检查。

答案：正确（电工制造《安规》6.6.2.1）

【判断题】叉车只可由司机一人驾驶，其他人不得搭乘。

答案：正确（电工制造《安规》6.6.2.2）

【判断题】叉车不得快速起动、急转弯或突然制动。

答案：正确（电工制造《安规》6.6.2.3）

【判断题】叉车在转弯、拐角、斜坡及弯曲道路上应低速行驶。

答案：正确（电工制造《安规》6.6.2.3）

【判断题】叉车倒车时，可以使用紧急制动。

答案：错误（电工制造《安规》6.6.2.3）

【判断题】禁止单叉作业或用货叉顶物、拉物。

答案：正确（电工制造《安规》6.6.2.4）

【判断题】可以使用叉车运送危险化学品。

答案：错误（电工制造《安规》6.6.2.5）

【判断题】运输作业时，若载荷有碍视线，载荷应位于车辆运行方向的后方。

答案：正确（电工制造《安规》6.6.2.6）

【判断题】若车辆运行时要求载荷位于车辆运行方向的前方（如堆垛或爬坡），可无人员引导。

答案：错误（电工制造《安规》6.6.2.6）

【判断题】叉车工作结束后，应将货叉放至最低位置。

答案：正确（电工制造《安规》6.6.2.7）

【判断题】叉车工作结束后，应将货叉放至最低位置，关闭所有控制器，切断动力源，扳下制动闸，并取出钥匙后方可离开。

答案：正确（电工制造《安规》6.6.2.7）

【判断题】叉车工作结束后，应将货叉放至随意位置。

答案：错误（电工制造《安规》6.6.2.7）

【填空题】叉车使用前，应对________等机构进行检查。

答案：行驶、升降、前倾（电工制造《安规》6.6.2.1）

【填空题】叉车只可由________驾驶，其他人不得搭乘。

答案：司机一人（电工制造《安规》6.6.2.2）

【填空题】叉车不得快速起动、急转弯或突然制动。在转弯、拐角、斜坡及弯曲道路上应________。倒车时，不得用紧急制动。

答案：低速行驶（电工制造《安规》6.6.2.3）

【填空题】叉车禁止________或用货叉顶物、拉物。

答案：单叉作业（电工制造《安规》6.6.2.4）

【填空题】禁止使用叉车运送________。

答案：危险化学品（电工制造《安规》6.6.2.5）

【填空题】运输作业时，若载荷有碍视线，载荷应位于车辆运行方向的________。

答案：后方（电工制造《安规》6.6.2.6）

【填空题】叉车工作结束后，应将货叉放至________，关闭所有控制器，切断动力源，扳下制动闸，并取出钥匙后方可离开。

答案：最低位置（电工制造《安规》6.6.2.7）

【简答题】简述叉车行驶的注意事项。

答案：叉车不得快速起动、急转弯或突然制动。在转弯、拐角、斜坡及弯曲道路上应低速行驶。倒车时，不得用紧急制动。

（电工制造《安规》6.6.2.3）

【简答题】运输作业时，若载荷有碍视线，应如何处理？

答案：应将载荷置于车辆运行方向的后方。若车辆运行时要求载荷位于车辆运行方向的前方（如堆垛或爬坡），应由指定人员引导。

（电工制造《安规》6.6.2.6）

【简答题】简述叉车作业结束后，停车离开的步骤。

答案：叉车工作结束后，应将货叉放至最低位置，关闭所有控制器，切断动力源，扳下制动闸，并取出钥匙后方可离开。

（电工制造《安规》6.6.2.7）

【简答题】简述叉车使用前检查项目。

答案：叉车使用前，应对行驶、升降、前倾等机构进行检查。

（电工制造《安规》6.6.2.1）

6.6.3 专用机动车辆运输

6.6.3.1 使用两台牵引机械卸车时，应有专人现场指挥协调，采取使设备受力均匀、拉牵速度一致的可靠措施。牵引的着力点应在设备的重心以下。

6.6.3.2 运输大型物件（超重、超高、超宽、超长）应制订安全运输方案，视作业安全风险程度，经单位安全部门或分管领导批准后实施。

6.6.3.3 使用前应检查制动器、喇叭、方向机构等是否完好。

6.6.3.4 装运物件应垫稳、捆牢，不得超载。

6.6.3.5 启动前应先鸣笛，行驶时不得上下人。

6.6.3.6 临时停车应停在不妨碍交通的地方，不应逆向停车，坡路上停车应采取防溜车措施。

6.6.3.7 驾驶员离开时，应关闭电源或发动机，拉紧停车制动器，取走钥匙。车辆停放时不得阻碍消防通道、楼梯及消防设备。

【单选题】使用两台牵引机械卸车时，牵引的着力点应在设备的（　　）。

A. 重心以下　B. 底部　　C. 两侧　　D. 前端

答案：A（电工制造《安规》6.6.3.1）

【单选题】下列专用机动车辆操作说法错误的是（　　）。

A. 运输大型物件（超重、超高、超宽、超长）目测安全时，可直接进行运输作业

B. 专用机动车辆使用前应检查制动器、喇叭、方向机构等是否完好

C. 专用机动车辆装运物件应垫稳、捆牢，不得超载

D. 专用机动车辆启动前应先鸣笛，行驶时不得上下人

答案：A（电工制造《安规》6.6.3）

【单选题】临时停车应停在（　　），不应逆向停车，坡路上（　　）。

A. 不妨碍交通的地方，停车应采取防溜车措施

B. 不妨碍交通的地方，禁止停车

C. 停车区域，停车应采取防溜车措施

D. 停车区域，禁止停车

答案：A（电工制造《安规》6.6.3.6）

【多选题】专用机动车辆使用前应检查（　　）等是否完好。

A. 制动器　　B. 仪表盘　　C. 喇叭　　D. 方向机构

答案：ACD（电工制造《安规》6.6.3.3）

【多选题】下列关于专用机动车辆说法正确的是（　　）。

A. 装运物件应垫稳、捆牢，不得超载

B. 启动前应先鸣笛，行驶时可搭载顺路的员工

C. 临时停车应停在不妨碍交通的地方，不应逆向停车，坡路上停车应采取防溜车措施

D. 运输大型物件（超重、超高、超宽、超长）应制订安全运输方案

答案：ACD（电工制造《安规》6.6.3）

【判断题】使用两台牵引机械卸车时，应有专人现场指挥协调，采取使设备受力均匀、拉牵速度一致的可靠措施。

答案：正确（电工制造《安规》6.6.3.1）

【判断题】使用两台牵引机械卸车时，牵引的着力点应在设备的重心以上。

答案：错误（电工制造《安规》6.6.3.1）

【判断题】运输大型物件（超重、超高、超宽、超长）应制订安全运输方案，视作业安全风险程度，经单位安全部门或分管领导批准后实施。

答案：正确（电工制造《安规》6.6.3.2）

【判断题】专用机动车辆使用前应检查制动器、喇叭、方向机构等是否完好。

答案：正确（电工制造《安规》6.6.3.3）

【判断题】专用机动车辆运输时，装运物件应垫稳、捆牢，可适量超载。

答案：错误（电工制造《安规》6.6.3.4）

【判断题】专用机动车辆启动前应先鸣笛，行驶时不得上下人。

答案：正确（电工制造《安规》6.6.3.5）

【判断题】临时停车应停在不妨碍交通的地方，不应逆向停车，坡路上停车应采取防溜车措施。

答案：正确（电工制造《安规》6.6.3.6）

【判断题】专用机动车辆驾驶员离开时，应关闭电源或发动机，拉紧停车制动器，取走钥匙。

答案：正确（电工制造《安规》6.6.3.7）

【填空题】使用两台牵引机械卸车时，应有专人现场指挥协调，采取使设备________、拉牵速度一致的可靠措施。牵引的着力点应在设备的重心以下。

答案：受力均匀（电工制造《安规》6.6.3.1）

【填空题】运输大型物件（超重、超高、超宽、超长）应制订________，视作业安全风险程度，经单位安全部门或分管领导批准后实施。

答案：安全运输方案（电工制造《安规》6.6.3.2）

【填空题】专用机动车辆使用前应检查________、________、________等是否完好。

答案：制动器　喇叭　方向机构（电工制造《安规》6.6.3.3）

【填空题】装运物件应________，不得超载。

答案：垫稳、捆牢（电工制造《安规》6.6.3.4）

【填空题】专用机动车辆启动前应先________，行驶时不得上下人。

答案：鸣笛（电工制造《安规》6.6.3.5）

【填空题】临时停车应停在________，不应逆向停车，坡路上停车应采取防溜车措施。

答案：不妨碍交通的地方（电工制造《安规》6.6.3.6）

【填空题】驾驶员离开时，应关闭电源或发动机，拉紧________，取走钥匙。

答案：停车制动器（电工制造《安规》6.6.3.7）

【简答题】简述使用两台牵引机械卸车时的注意事项。

答案：使用两台牵引机械卸车时，应有专人现场指挥协调，采取使设备受力均匀、拉牵速度一致的可靠措施。牵引的着力点应在设备的重心以下。

（电工制造《安规》6.6.3.1）

【简答题】简述运输大型物件（超重、超高、超宽、超长）前所需的安全审批流程。

答案：制订安全运输方案，视作业安全风险程度，经单位安全部门或分管领导批准后实施。

（电工制造《安规》6.6.3.2）

6.7.2　电焊

6.7.2.1 电焊机的外壳以及工作台，应有良好的接地，接地电阻不得大于 4Ω。

6.7.2.2 电焊工所坐的椅子，应用木材或其他绝缘材料制成。

6.7.2.3 工作前，应先检查电焊设备，如电动机外壳的接地线是否良好，电焊机的引出线是否有绝缘损伤、短路或接触不良等现象。

6.7.2.4 禁止在吊起的物体上施焊。

6.7.2.5 不得将带电的电线、电缆搭在身上或踏在脚下。

6.7.2.6 离开工作场所时，应对现场进行清扫，确认无起火危险等隐患，并切断电源后方可离开。

【单选题】焊工人员（　　）在吊起的物体上施焊。

A. 禁止　　B. 可以

C. 根据情况决定是否　　D. 在领导同意的情况下可以

答案：A（电工制造《安规》6.7.2.4）

【判断题】禁止在吊起的物体上施焊。

答案：正确（电工制造《安规》6.7.2.4）

6.7.3 气焊（气割）

6.7.3.1 作业前，应检查氧气、乙炔（丙烷）瓶的阀、表齐全有效，紧固牢靠，不得有松动、破损、漏气等现象。氧气瓶及其附件、胶管和开闭阀门的工具不得有油污。

6.7.3.2 氧气瓶应有防震胶圈和安全帽，应与其他易燃气瓶、油脂和其他易燃物品分开保存。

6.7.3.3 乙炔（丙烷）胶管和氧气胶管不得混用。氧气胶管的外观应为蓝色，乙炔（丙烷）胶管的外观应为红色。变质、脆裂、泄漏或沾有油脂的胶管不得使用。

6.7.3.4 使用气焊、气割动火作业时，氧气瓶与乙炔（丙烷）气瓶间距不应小于 5m，二者与动火作业地点间距不应小于 10m。

6.7.3.5 氧气瓶使用时可立放也可平放，乙炔（丙烷）瓶应立放使用。立放的气瓶应有防倾倒固定措施。

6.7.3.6 不得将胶管放在高温管道和电线上，不得将重物或高温物件压在胶管上，不得将胶管与电线敷设在一起，胶管经过交通通道时，应采取防止碾压措施。胶管存放温度为–15℃～40℃，离热源应不小于 1m。

6.7.3.7 氧气软管着火时，不得折弯软管断气，应迅速关闭氧气阀门，停止供氧；乙炔（丙烷）软管着火时，应先关熄炬火，再采取折弯靠近气瓶瓶口一侧软管的办法来将火熄灭。

6.7.3.8 工作完毕后应关闭氧气瓶、乙炔（丙烷）瓶，拆下氧气表、乙炔（丙烷）表，拧上气瓶安全帽。

6.7.3.9 作业结束后，应将胶管盘起、捆扎牢固，挂在室内干燥的地方，减压器和气压表应放在工具箱内，应认真检查作业场所及周边，确认无起火危险等安全隐患后，方可离开。

【单选题】氧气软管着火时，以下采取的措施正确的是(　　)。

A. 迅速把氧气管折弯，防止氧气管送气

B. 迅速寻找灭火器进行灭火

C. 迅速关闭氧气阀门，停止供氧

D. 立即大声呼救，请专业人员处理

答案：C（电工制造《安规》6.7.3.7）

6.9.2 整体热处理

6.9.2.1 人工操作进出料的简易箱式电炉、井式电炉，在装炉、出炉过程中应切断加热电源。带有风扇的设备，当风扇出现故障时应立即停止使用。

6.9.2.2 对连续式作业加热炉，工件装炉时应放置平稳，不得超高、超宽。

6.9.2.3 可控气氛、保护气氛加热炉在通入可燃生产物料前，应使用中性气体充分置换掉炉内空气，或在高温条件下以燃烧法燃尽炉内的空气。

6.9.2.4 箱式电炉、井式电炉的炉温低于 760℃时，不得向炉内通入可控气氛或保护气氛。

6.9.2.5 温度在 760℃以下的回火炉不宜使用可燃物（H_2，CO，

C_mH_n）大于 4%的气体作为保护气氛。必须使用时，应确保炉子密封良好，在通入气体前和停炉时应用不可燃气体置换炉内气体。

6.9.2.6 往炉内通入可燃生产原料时，各炉门口或排气管上的引火嘴应正常燃烧。

6.9.2.7 不得随意打开炉室安全门或其他安全保护装置。若必须打开，应停止向炉内通入可燃生产原料，并确认炉内可燃气氛已燃尽或已充分置换完成后，方可操作。

6.9.2.8 在下列情况下，应向炉内通入中性气体或惰性气体（即置换气体）：

a） 工艺要求在炉温低于 750℃时向炉内送入可燃原料前；

b） 炉子启动时或停炉前；

c） 气源或动力源失效时；

d） 炉子进行任何修理之前，中断气体供应线路时。

6.9.2.9 停炉期间，为防止可燃气向炉内缓慢地渗漏，应在每一管路上设置两处以上关闭阀或开关。

6.9.2.10 淬火吊车应有备用电源。

【判断题】淬火吊车可以不设置备用电源。

答案：错误（电工制造《安规》6.9.2.10）

【填空题】淬火吊车应有________。

答案：备用电源（电工制造《安规》6.9.2.10）

6.10 组装与解体作业

6.10.1 组装

6.10.1.1 零部件应放置在专用工装上，并分区定置摆放，不得占用通道，严禁连片、交叉放置。

6.10.1.2 作业前，应对组装使用的设备设施和工具进行检查，确保符合安全要求。

6.10.1.3 各部件对接时，禁止身体任何部位进入或紧靠对接面。

6.10.1.4 调试机构时，应切断电源，并将压力完全释放后进行。

6.10.1.5 调试区域应设置防护板进行隔离，并悬挂警示牌。

【判断题】零部件堆放只要条件允许，可以临时占用通道。

答案：错误（电工制造《安规》6.10.1.1）

6.11.3 烘干

6.11.3.1 有机溶剂清洗过的零部件，在有机溶剂未完全挥发时，禁止使用烘干房（箱）烘干。

6.11.3.2 烘干房内摆放的待烘干零部件，应与加热装置保持300mm～500mm的安全距离。

6.11.3.3 取出零部件前，应先切断烘干房（箱）电源（或汽源），打开房（箱）门通风，待工件冷却后，方可取出。

【单选题】烘干作业中，取出零部件前，应先切断烘干房（箱）电源（或汽源），打开房（箱）门通风，待工件（　　）后，方可取出。

A. 降温　　B. 冷却　　C. 干燥　　D. 晾干

答案：B（电工制造《安规》6.11.3.3）

9 表面处理作业

9.2 电镀作业

9.2.1 槽液配制

9.2.1.1 开启易挥发、有毒试剂瓶体时，瓶口禁止对向自己或他人。

9.2.1.2 搬运酸液和向镀槽加酸时，应采用专用小车或抬具。搬运前，应认真检查酸桶，并小心搬运和使用。

9.2.1.3 使用固定管道输送酸液或有毒液体时，应佩戴橡胶手套后再操作阀门；使用软管输送酸液或有毒液体时，禁止管口朝向人体。

9.2.1.4 配制挥发或有毒溶液时，现场应启动专用（局部）通风设施，操作人员应位于上风方向，禁止皮肤破损人员参加配制溶液作业。

9.2.1.5 配制碱液时，操作人员应将碱缓慢加入槽中，禁止一次性整袋倒入。

9.2.1.6 配制酸液时，操作人员应将酸液缓慢注入水中，禁止将水注入酸中或将酸注入热水中。

9.2.1.7 溶液配制完成后，操作人员应及时对手和脸，以及配制溶液所用的容器、工具进行清洗。

【单选题】搬运酸液和向镀槽加酸时，应采用（　　）。

A. 人工搬运　　B. 叉车运输

C. 专用小车或抬具　　D. 普通拖车

答案：C（电工制造《安规》9.2.1.2）

【判断题】搬运酸液和向镀槽加酸时，应采用专用小车或抬具。

答案：正确（电工制造《安规》9.2.1.2）

附　　录

附　录　F
（资料性附录）
大型吊装作业申请单格式

<table>
<tr><td>申请日期</td><td></td><td>编号</td><td></td></tr>
<tr><td>吊装地点</td><td></td><td>申请人</td><td></td></tr>
<tr><td>吊装内容</td><td></td><td colspan="2" rowspan="3">吊装作业人员签名：</td></tr>
<tr><td>起吊物体</td><td>重量（t）____高度（m）____长度（m）____宽度（m）____</td></tr>
<tr><td>作业时间</td><td>年　月　日　时　分至　年　月　日　时　分</td></tr>
<tr><td>承包商公司名称</td><td></td><td colspan="2">承包商公司应具有相应资质，并在其等级许可范围内施工</td></tr>
<tr><td>承包商负责人签名</td><td></td><td>对资质、操作证进行检查并取得复印件</td><td>是□否□</td></tr>
<tr><td>危险识别</td><td>是/否</td><td>安全措施</td><td>被要求</td></tr>
<tr><td>大型吊装作业方案、安全措施是否明确</td><td>□□</td><td>制订并审批作业方案，作业前对作业人员进行安全教育</td><td>□</td></tr>
<tr><td>吊装区监护人职责是否明确</td><td>□□</td><td>指派专人监护作业现场</td><td>□</td></tr>
<tr><td>吊装作业必需的劳保品、安全工器具到位否</td><td>□□</td><td>作业人员按规定佩戴防护器具和个体防护用品</td><td>□</td></tr>
<tr><td>吊装区域范围是否确定，是否设置安全防护标识</td><td>□□</td><td>作业现场按要求设置围栏、警戒线、警告牌、夜间警示灯，无关人员不得进入现场</td><td>□</td></tr>
<tr><td>是否夜间作业，夜间照明是否足够</td><td>□□</td><td>夜间作业有足够的照明</td><td>□</td></tr>
<tr><td>起重机械、吊索具等点检是否确认，安全装置是否有效</td><td>□□</td><td>起重吊装设备、钢丝绳、揽风绳、链条、吊钩等机具，以及安全附件装置，安全可靠</td><td>□</td></tr>
</table>

续表

危险识别	是/否	安全措施	被要求
工作环境—施工时（露天作业）现场遇到大雪、暴雨、大雾及 6 级以上大风	□□	室外作业遇到大雪、暴雨、大雾及 6 级以上大风，停止作业	□
触电—作业范围内是否有带电线路、架空线路	□□	吊装绳索、揽风绳、拖拉绳等避免同带电线路接近，并保持安全距离；作业安全高度和转臂安全范围内，无架空线路。否则不得进行吊装作业	□
高处坠落—是否存在人员随同吊装重物或吊装机械升降的情况	□□	人员随同吊装重物或吊装机械升降，应采取可靠的安全措施，并经现场指挥人员批准	□
施工现场是否位于易燃易爆场所	□□	在易燃易爆危险区域内作业，机动车排气管已装火星熄灭器	□
起重伤害—吊物重量、重心位置是否明确，吊物下是否有人站立	□□	悬吊重物下方站人或通行、重物重量或重心不明确时，严禁吊装	□
地面承重及保护措施是否符合要求	□□	地下通信及局域网络电/光缆、排水沟的盖板，承重吊装机械的负重量已确认，保护措施已落实	□
其他补充危险描述：		其他补充控制措施描述：	
作业负责人签名： 部门负责人签名： 现场监护人员签名：			
安全部门审批人意见：　　签名：　　年　月　日 高度危险吊装作业会签（若需要）：　　年　月　日 单位负责人审批签名（若需要）：　　年　月　日			
作业前，监护人验票签字：　　年　月　日　时 完工验收检查签名：　　年　月　日　时			
1. 吊装作业：在检查、维修过程中利用吊装机具将设备、工件、器具、材料等吊起，使其发生位置变化的作业过程。 2. 大型吊装作业：吊装物体形状复杂、刚度小、长径比大、精密贵重，以及在特殊作业条件下的吊装作业。大型吊装作业前，应编制吊装作业方案、施工安全措施和应急救援预案，视安全风险程度，经安全部门负责人或单位负责人审批后方可施工作业。 3. 本申请单一式三联，由申请部门、吊装作业人员、审批部门各持一联，保存期限至少 1 年。			

【单选题】遇到（　　）天气不能从事大型吊装作业。

A. 大雪、暴雨、6 级以上大风

B. 冬天

C. 35℃以上的热天

D. 雨天

答案：A（电工制造《安规》附录 F）

【单选题】大型吊装作业申请单，由申请部门、吊装作业人员、审批部门各持一联，保存期限至少（　　）。

A. 半年　　B. 1 年　　C. 1 年半　　D. 2 年

答案：B（电工制造《安规》附录 F）

【判断题】大型吊装作业申请单必须填写起吊物件的尺寸。

答案：正确（电工制造《安规》附录 F）

【判断题】大型吊装作业承包者只要取得起重资质就可以进入施工。

答案：错误（电工制造《安规》附录 F）

【判断题】大型吊装作业现场需指派专人监护，明确职责。

答案：正确（电工制造《安规》附录 F）

【判断题】大型吊装作业现场要设置围栏、警戒线、警告牌、夜间警示灯，无关人员不得进入现场。

答案：正确（电工制造《安规》附录 F）

【判断题】室外大型吊装作业遇到大雪、暴雨、大雾及 6 级以上大风，必须做好必要的防护措施和方案。

答案：错误（电工制造《安规》附录 F）

【判断题】必要时，采取可靠的安全措施后，人可随同吊装重物或吊装机械升降，可不用批准。

答案：错误（电工制造《安规》附录 F）

【填空题】大型吊装作业施工前，应明确安全措施，制订并审批作业方案，作业前对作业人员进行________。

答案：安全教育（电工制造《安规》附录 F）

【填空题】室外大型吊装作业遇到大雪、暴雨、大雾及 6 级以上大风，应________作业。

答案：停止（电工制造《安规》附录 F）

【填空题】人员随同吊装重物或吊装机械升降，应采取可靠的安全措施，并经现场________批准。

答案：指挥人员（电工制造《安规》附录 F）

【填空题】大型吊装作业现场应指派专人监护，设置围栏、警戒线、警告牌、夜间警示灯，________不得进入现场。

答案：无关人员（电工制造《安规》附录 F）

【简答题】什么是大型吊装作业？

答案：吊装物形状复杂、刚度小、长径比大、精密贵重，以及在特殊作业条件下的吊装作业，称为大型吊装作业。

（电工制造《安规》附录 F）

【简答题】大型吊装作业前，需要做的是什么？

答案：应编制吊装作业方案、施工安全措施和应急救援预案，视安全风险程度，经安全部门负责人或单位负责人审批后方可施工作业。

（电工制造《安规》附录 F）

【简答题】吊装作业处于易燃易爆场所应该采取怎样的安全措施？

答案：在易燃易爆危险区域吊装作业，机动车的排气管必须装火星熄灭器。

（电工制造《安规》附录 F）

附　录　I
（规范性附录）
特种作业目录

I.1　电　工　作　业

I.1.1　定义

指对电气设备进行运行、维护、安装、检修、改造、施工、调试等作业（不含电力系统进网作业）。

I.1.2　高压电工作业

指对1kV及以上的高压电气设备进行运行、维护、安装、检修、改造、施工、调试、试验及对绝缘工器具进行试验的作业。

I.1.3　低压电工作业

指对1kV以下的低压电器设备进行安装、调试、运行操作、维护、检修、改造施工和试验的作业。

I.2　焊接与热切割作业

I.2.1　定义

指运用焊接或者热切割方法对材料进行加工的作业（不含《特种设备安全监察条例》规定的有关作业）。

I.2.2　熔化焊接与热切割作业

指使用局部加热的方法将连接处的金属或其他材料加热至熔化状态而完成焊接与切割的作业。

适用于气焊与气割、焊条电弧焊与碳弧气刨、埋弧焊、气体保护焊、等离子弧焊、电渣焊、电子束焊、激光焊、氧熔剂切割、激光切割、等离子切割等作业。

I.2.3　压力焊作业

指利用焊接时施加一定压力而完成的焊接作业。

适用于电阻焊、气压焊、爆炸焊、摩擦焊、冷压焊、超声波焊、锻焊等作业。

I.2.4 钎焊作业

指使用比母材熔点低的材料作钎料，将焊件和钎料加热到高于钎料熔点，但低于母材熔点的温度，利用液态钎料润湿母材，填充接头间隙并与母材相互扩散而实现连接焊件的作业。

适用于火焰钎焊作业、电阻钎焊作业、感应钎焊作业、浸渍钎焊作业、炉中钎焊作业，不包括烙铁钎焊作业。

I.3 高 处 作 业

I.3.1 定义

指凡在坠落高度基准面 2m 及以上有可能坠落的高处进行的作业。

I.3.2 登高架设作业

指在高处从事脚手架、跨越架架设或拆除的作业。

I.3.3 高处安装、维护、拆除作业

指在高处从事安装、维护、拆除的作业。

适用于利用专用设备进行建筑物内外装饰、清洁、装修，电力、电信等线路架设，高处管道架设，小型空调高处安装、维修，各种设备设施与户外广告设施的安装、检修、维护以及在高处从事建筑物、设备设施拆除作业。

【单选题】电工作业指对（　　）设备进行运行、维护、安装、检修、改造、施工、调试等作业（不含电力系统进网作业）。

A. 机械　　B. 电子　　C. 电气　　D. 特种

答案：C（电工制造《安规》附录 I.1.1）

【单选题】高压电工作业指对（　　）kV 及以上的高压电气设备进行运行、维护、安装、检修、改造、施工、调试、试验及对绝缘工器具进行试验的作业。

A. 1　　B. 2　　C. 5　　D. 10

答案：A（电工制造《安规》附录 I.1.2）

【单选题】低压电工作业指对（　　）kV 以下的低压电器设备进行安装、调试、运行操作、维护、检修、改造施工和试验的作业。

A. 1　　B. 2　　C. 5　　D. 10

答案：A（电工制造《安规》附录 I.1.3）

【判断题】凡在 2m 以上进行的作业都属于高处作业。

答案：错误（电工制造《安规》附录 I.3.1）

【填空题】电工作业是指对________进行运行、维护、安装、检修、改造、施工、调试等作业（不含电力系统进网作业）。

答案：电气设备（电工制造《安规》附录 I.1.1）

【填空题】登高架设作业指在________从事脚手架、跨越架架设或拆除的作业。

答案：高处（电工制造《安规》附录 I.3.2）

附　录　J
（规范性附录）
特种设备检验周期

序号	设备种类		检验周期	
1	锅炉		外部检验	一般每年一次
			内部检验	一般每 2 年一次
			水压试验	一般每 6 年一次
2	压力容器	固定式	年度检验	每年至少一次
			全面检验	首检周期不超过 3 年；安全状况等级为 1、2 级的，每 6 年至少一次；安全状况等级为 3 级的，每 3 年至少一次
			水压试验	每两次全面检验期间内至少进行一次

续表

<table>
<tr><th>序号</th><th colspan="2">设备种类</th><th colspan="2">检验周期</th></tr>
<tr><td rowspan="6">2</td><td rowspan="6">压力容器</td><td rowspan="6">气瓶</td><td colspan="2">盛装腐蚀性气体的气瓶，每 2 年检验一次</td></tr>
<tr><td colspan="2">盛装一般气体的气瓶，每 3 年检验一次</td></tr>
<tr><td colspan="2">盛装惰性气体的气瓶，每 5 年检验一次</td></tr>
<tr><td colspan="2">盛装液化石油气钢瓶，对 YSP-0.5 型、YSP-2.0 型、YSP-5.0 型、YSP-10 型和 YSP-15 型，自制造日期起，第一次至第三次检验的检验周期均为 4 年，第四次检验有效期为 3 年；对 YSP-50 型，每 3 年检验一次</td></tr>
<tr><td colspan="2">车用液化石油气钢瓶，每 5 年检验一次</td></tr>
<tr><td colspan="2">车用压缩天然气钢瓶，首次检验和第二次检验为每 3 年进行一次，第二次检验后每 2 年进行一次；对出租车用或载人车用压缩天然气钢瓶的检验每 2 年进行一次，第二次检验的有效期为一年</td></tr>
<tr><td rowspan="2">3</td><td rowspan="2">压力管道</td><td rowspan="2">工业管道</td><td>在线检验</td><td>每年至少检验一次</td></tr>
<tr><td>全面检验</td><td>首检周期不超过 3 年；安全状况等级为 1 级和 2 级的检验周期一般不超过 6 年；安全状况等级为 3 级的，检验周期一般不超过 3 年；安全状况等级为 4 级的，应报废</td></tr>
<tr><td>4</td><td colspan="2">电梯</td><td colspan="2">定期检验，周期为 1 年</td></tr>
<tr><td>5</td><td colspan="2">起重机械</td><td colspan="2">轻小型起重设备、桥式起重机、门式起重机、门座起重机、缆索起重机、桅杆起重机、铁路起重机、旋臂起重机、机械式停车设备每 2 年 1 次，其中吊运熔融金属和炽热金属的起重机每年 1 次；塔式起重机、升降机、流动式起重机每年 1 次</td></tr>
<tr><td>6</td><td colspan="2">厂内机动车辆</td><td colspan="2">定期检验，周期为 1 年</td></tr>
<tr><td>7</td><td rowspan="5">主要安全附件及安全保护装置</td><td>安全阀</td><td colspan="2">每年至少校验一次；特殊情况按相应的技术规范规定执行</td></tr>
<tr><td>8</td><td>压力表</td><td colspan="2">每年至少校验一次；装设在锅炉上的压力表应每半年至少校验一次</td></tr>
<tr><td>9</td><td>爆破片</td><td colspan="2">根据厂家设计确定（一般 2 年~3 年内更换），在苛刻条件下使用的应每年更换</td></tr>
<tr><td>10</td><td>限速器</td><td colspan="2">每 2 年应进行限速器动作速度校验一次</td></tr>
<tr><td>11</td><td>防坠安全器</td><td colspan="2">每 2 年应进行安全器动作速度校验一次</td></tr>
</table>

【单选题】桥式起重机、门式起重机检验周期为每（　　）年一次。

A. 1　　B. 2　　C. 3　　D. 4

答案：B（电工制造《安规》附录 J）

【单选题】盛装腐蚀性气体的气瓶检验周期为每(　　)年一次。

A. 1　　B. 2　　C. 3　　D. 6

答案：B（电工制造《安规》附录 J）

【单选题】盛装一般气体的气瓶检验周期为每（　　）年一次。

A. 1　　B. 2　　C. 3　　D. 6

答案：C（电工制造《安规》附录 J）

【单选题】盛装惰性气体的气瓶检验周期为每（　　）年一次。

A. 1　　B. 2　　C. 5　　D. 6

答案：C（电工制造《安规》附录 J）

【单选题】车用液化石油气钢瓶，应每（　　）年检验一次。

A. 1　　B. 2　　C. 5　　D. 6

答案：C（电工制造《安规》附录 J）

【单选题】电梯应每（　　）年检验一次。

A. 1　　B. 2　　C. 3　　D. 6

答案：A（电工制造《安规》附录 J）

【单选题】轻小型起重设备、桥式起重机、门式起重机、门座起重机、缆索起重机、桅杆起重机、铁路起重机、旋臂起重机、机械式停车设备每（　　）年检验 1 次。

A. 1　　B. 2　　C. 3　　D. 6

答案：B（电工制造《安规》附录 J）

【单选题】塔式起重机、升降机、流动式起重机每（　　）年检验 1 次。

A. 1　　B. 2　　C. 3　　D. 6

答案：A（电工制造《安规》附录 J）

【单选题】厂内机动车辆每（　　）年检验 1 次。

A. 1　　　　B. 2　　　　C. 3　　　　D. 6

答案：A（电工制造《安规》附录 J）

【单选题】压力表应每（　　）年至少校验 1 次。

A. 1　　　　B. 2　　　　C. 3　　　　D. 6

答案：A（电工制造《安规》附录 J）

【判断题】电梯定期检验，周期为 1 年。

答案：正确（电工制造《安规》附录 J）

【判断题】轻小型起重设备、桥式起重机、门式起重机每 3 年检验一次。

答案：错误（电工制造《安规》附录 J）

【判断题】厂内机动车辆定期检验，周期为 2 年。

答案：错误（电工制造《安规》附录 J）

【填空题】电梯、厂内机动车定期检验，周期为________。

答案：1 年（电工制造《安规》附录 J）

【填空题】检验周期：轻小型起重设备、桥式起重机、门式起重机、门座起重机、缆索起重机、桅杆起重机、铁路起重机、旋臂起重机、机械式停车设备每 2 年 1 次；塔式起重机、升降机、流动式起重机每年________。

答案：1 次（电工制造《安规》附录 J）

附　录　K
（规范性附录）
起重工具检查与试验的要求和周期

序号	工具	检查与试验的要求		周期
1	白棕绳 纤维绳	检查	绳子光滑、干燥，无磨损现象	1 月
		试验	以 2 倍允许负荷进行 10min 的静力试验，不应有断裂和显著的局部延伸	1 年

续表

序号	工具	检查与试验的要求		周期
2	起重用钢丝绳	检查	a）绳扣可靠，无松动现象； b）钢丝绳无严重磨损现象； c）钢丝绳断丝根数在规程规定限度内	1月
		试验	以2倍额定荷载进行10min的静力试验，不应有断裂及显著的局部延伸现象	1年
3	合成纤维吊装带	检查	吊装带外部护套无破损，内芯无断裂	1月
		试验	以1.25倍额定荷载进行10min的静力试验，不应有断裂现象	1年
4	链条	检查	链节无严重锈蚀、磨损或裂纹。链节磨损达原直径的10%应报废，发生裂纹应报废	1月
		试验	以2倍额定荷载进行10min的静力试验，链条不应有断裂、显著的局部延伸及个别链节拉长等现象，塑性变形达原长度的5%时应报废	1年
5	滑轮	检查	a）滑轮完整灵活； b）滑轮杆无磨损现象，开口销完整； c）吊钩无裂纹、无变形； d）润滑油充分	1月
		试验	a）新装或大修后，以1.25倍额定荷载进行10min的静力试验后，再以1.1倍允许荷重做动力试验，无裂纹、无显著局部延伸现象； b）一般的定期试验，以1.1倍额定荷载进行10min的静力试验； c）磨损测量：轮槽臂厚磨损达原尺寸的20%，轮槽不均匀磨损达3mm以上，轮槽底部直径减少量达钢丝绳直径的50%应予报废	1年
6	夹头、卡环等	检查	丝扣良好，表面无裂纹	1月
		试验	以1.25倍额定荷载进行10min的静力试验	1年
7	吊钩	检查	a）无裂纹或显著变形； b）无严重腐蚀、磨损现象； c）防脱钩装置完好； d）润滑油充分，转动灵活	1月

续表

序号	工具	检查与试验的要求		周期
7	吊钩	试验	a）以 1.25 倍额定荷载进行 10min 的静力试验后，再以 1.1 倍允许荷重做动力试验无裂纹； b）磨损及变形测量，出现下述情况之一时，应予报废：危险断面磨损达原尺寸的 5%；开口度比原尺寸增加 10%；扭转变形超过 10°；危险断面或吊钩颈部产生塑性变形	1 年
		试验	a）新安装或经过大修后的，以 1.25 倍额定荷载进行 10min 的静力试验后，以 1.1 倍允许荷重做动力试验，结果不应有裂纹、显著局部延伸现象； b）一般的定期试验，以 1.1 倍额定荷载进行 10min 的静力试验	1 年

【单选题】白棕绳、纤维绳每年以（　　）倍允许负荷进行 10min 的静力试验，不应有断裂和显著的局部延伸才算试验合格。

A. 1　　B. 2　　C. 3　　D. 4

答案：B（电工制造《安规》附录 K）

【单选题】起重用钢丝绳每年以 2 倍额定荷载进行（　　）min 的静力试验，不应有断裂及显著的局部延伸现象才算试验合格。

A. 5　　B. 8　　C. 6　　D. 10

答案：D（电工制造《安规》附录 K）

【单选题】合成纤维吊装带每年以（　　）倍额定荷载进行 10min 的静力试验，不应有断裂现象才算试验合格。

A. 1　　B. 1.25　　C. 1.5　　D. 1.75

答案：B（电工制造《安规》附录 K）

【单选题】链条检查，链节磨损达原直径的（　　）应报废，发生裂纹应报废。

A. 10%　　B. 20%　　C. 30%　　D. 40%

答案：A（电工制造《安规》附录 K）

【单选题】链条以 2 倍额定荷载进行 10min 的静力试验，链条不应有断裂、显著的局部延伸及个别链节拉长等现象，塑性变形达原长度的（　　）时应报废。

A. 5%　　B. 10%　　C. 15%　　D. 20%

答案：A（电工制造《安规》附录K）

【单选题】滑轮轮槽臂厚磨损达原尺寸的20%，轮槽不均匀磨损达3mm以上，轮槽底部直径减少量达钢丝绳直径的（　　）应予报废。

A. 50%　　B. 40%　　C. 30%　　D. 20%

答案：A（电工制造《安规》附录K）

【判断题】白棕绳、纤维绳每年以2倍允许负荷进行10min的静力试验，不应有断裂和显著的局部延伸才算试验合格。

答案：正确（电工制造《安规》附录K）

【判断题】起重用钢丝绳每年以2倍额定荷载进行10min的静力试验，不应有断裂及显著的局部延伸现象才算试验合格。

答案：正确（电工制造《安规》附录K）

【判断题】合成纤维吊装带每年以1.5倍额定荷载进行10min的静力试验，不应有断裂现象才算试验合格。

答案：错误（电工制造《安规》附录K）

【判断题】链条检查，链节磨损达原直径的10%应报废，发生裂纹应报废。

答案：正确（电工制造《安规》附录K）

【判断题】链条以2倍额定荷载进行10min的静力试验，链条不应有断裂、显著的局部延伸及个别链节拉长等现象，塑性变形达原长度的5%时应报废。

答案：正确（电工制造《安规》附录K）

【判断题】滑轮轮槽臂厚磨损达原尺寸的20%，轮槽不均匀磨损达3mm以上，轮槽底部直径减少量达钢丝绳直径的50%应予报废。

答案：正确（电工制造《安规》附录K）

【填空题】合成纤维吊装带试验以________倍额定荷载进行10min的静力试验，不应有断裂现象。

答案：1.25（电工制造《安规》附录 K）

【填空题】链条检查，链节磨损达原直径的________应报废，发生裂纹应报废。

答案：10%（电工制造《安规》附录 K）

附　录　L

（规范性附录）

起重工器具报废标准

L.1　钢　丝　绳

L.1.1　起重机械钢丝绳在一个捻节距内断丝数达钢丝绳总丝数的 10%。

L.1.2　钢丝径向磨损或腐蚀量超过原直径的 40%则应报废，当不到 40%时，可按规定折减断丝数报废。

L.1.3　起重机械吊运炽热金属或危险品的钢丝绳的报废丝数，取一般起重机用钢丝绳报废标准的一半数。

L.1.4　对于符合 ISO 2408 标准所规定的结构钢丝绳，报废的断丝数应按 GB 5972 中规定数执行。

L.1.5　整条绳股断裂应报废。

L.1.6　当钢丝绳直径相对于公称直径减小 7%或更多时，即使未发现断丝，该钢丝绳也应报废。

L.1.7　麻芯外露应报废。

L.1.8　钢丝绳有明显的腐蚀应报废。

L.1.9　局部外层钢丝伸长呈笼型状态应报废。

L.2　卸　　扣

L.2.1　有明显永久变形或轴销不能转动自如。

L.2.2　扣体和轴销任何一处截面磨损量达原尺寸的 10%以上。

L.2.3 卸扣任何一处出现裂纹。

L.2.4 卸扣不能闭锁。

L.2.5 卸扣试验后不合格。

L.3 合成纤维吊装带

L.3.1 织带（含保护套）严重磨损、穿孔、切口、撕断。

L.3.2 承载接缝绽开、缝线磨断。

L.3.3 吊带纤维软化、老化、弹性变小、强度减弱。

L.3.4 纤维表面粗糙易于剥落。

L.3.5 吊带出现死结。

L.3.6 吊带表面有过多的点状疏松、腐蚀，酸碱烧损以及热熔化或烧焦。

L.3.7 带有红色警戒线吊带的警戒线裸露。

L.4 麻绳（剑麻白棕绳）、纤维绳

L.4.1 绳被切割、断股、严重擦伤、绳股松散或局部破裂。

L.4.2 绳表面纤维严重磨损，局部绳径变细，或任一绳股磨损达原绳股 1/3。

L.4.3 绳索捻距增大。

L.4.4 绳索内部绳股间出现破断，有残存碎纤维或纤维颗粒。

L.4.5 纤维出现软化或老化，表面粗糙纤维极易剥落，弹性变小、强度减弱。

L.4.6 严重折弯或扭曲。

L.4.7 绳索发霉变质、酸碱烧伤、热熔化或烧焦。

L.4.8 绳索表面过多点状疏松、腐蚀。

L.4.9 插接处破损、绳股拉出、索眼损坏。

L.5 吊　　钩

L.5.1 吊钩出现裂纹。

L.5.2 危险断面磨损或腐蚀，按 GB/T 10051.2 制造的吊钩（含进口吊钩）达原尺寸的 5%；其他吊钩达原尺寸的 10%。

L.5.3 钩柄产生塑性变形。

L.5.4 按 GB/T 10051.2 制造的吊钩开口度比原尺寸增加 10%；其他吊钩开口度比原尺寸增加 15%。

L.5.5 钩身的扭转角超过 10°。

L.5.6 钩片侧向弯曲变形半径小于板厚 10 倍。

L.5.7 板钩衬套磨损达原尺寸的 50%时，应报废衬套。

L.5.8 板钩心轴磨损达原尺寸的 5%时，应报废心轴。

L.5.9 板钩铆钉松弛或损坏，使板间间隙明显增大，应更换铆钉。

L.5.10 板钩防磨板磨损达原厚度的 50%时，应报废防磨板。

L.6 滑　　轮

L.6.1 滑轮出现裂纹。

L.6.2 轮槽不均匀磨损达 3mm。

L.6.3 轮槽壁厚磨损达原壁厚的 20%。

L.6.4 滑轮槽底磨损，铸造滑轮达钢丝绳原直径的 30%。

L.6.5 滑轮轴磨损量达原直径的 3%。

【单选题】起重机械钢丝绳在一个捻节距内断丝数达钢丝绳总丝数的（　　）给予报废。

A. 10%　　B. 20%　　C. 15%　　D. 5%

答案：A（电工制造《安规》附录 L.1.1）

【单选题】钢丝径向磨损或腐蚀量超过原直径的（　　）则应报废，当不到 40%时，可按规定折减断丝数报废。

A. 10%　　B. 40%　　C. 20%　　D. 15%

答案：B（电工制造《安规》附录 L.1.2）

【单选题】起重机械吊运炽热金属或危险品的钢丝绳的报废丝数，取一般起重机用钢丝绳报废标准的（　　）。

A. 三分之一　B. 四分之一　C. 五分之一　D. 一半数

答案：D（电工制造《安规》附录 L.1.3）

【单选题】当钢丝绳直径相对于公称直径减小（　　）或更多时，即使未发现断丝，该钢丝绳也应报废。

A. 7%　　B. 8%　　C. 9%　　D. 10%

答案：A（电工制造《安规》附录 L.1.6）

【单选题】卸扣扣体和轴销任何一处截面磨损量达原尺寸的（　　）以上，应报废。

A. 7%　　B. 10%　　C. 8%　　D. 9%

答案：B（电工制造《安规》附录 L.2.2）

【单选题】麻绳（剑麻白棕绳）、纤维绳的绳表面纤维严重磨损，局部绳径变细，或任一绳股磨损达原绳股（　　）给予报废。

A. 1/3　　B. 1/4　　C. 1/2　　D. 1/5

答案：A（电工制造《安规》附录 L.4.2）

【单选题】吊钩钩身的扭转角超过（　　）应给以报废。

A. 10°　　B. 15°　　C. 20°　　D. 5°

答案：A（电工制造《安规》附录 L.5.5）

【单选题】吊钩板钩衬套磨损达原尺寸的（　　）时，应报废衬套。

A. 50%　　B. 40%　　C. 30%　　D. 20%

答案：A（电工制造《安规》附录 L.5.7）

【单选题】吊钩板钩心轴磨损达原尺寸的（　　）时，应报废心轴。

A. 5%　　B. 4%　　C. 6%　　D. 7%

答案：A（电工制造《安规》附录 L.5.8）

【单选题】吊钩板钩防磨板磨损达原厚度的（　　）时，应报废防磨板。

A. 50%　　B. 40%　　C. 30%　　D. 20%

答案：A（电工制造《安规》附录 L.5.10）

【单选题】滑轮轮槽不均匀磨损达（　　）mm 应报废。

A. 2　　B. 4　　C. 5　　D. 3

答案：D（电工制造《安规》附录 L.6.2）

【单选题】滑轮轮槽壁厚磨损达原壁厚的（　　）应报废。

A. 10%　　B. 40%　　C. 20%　　D. 15%

答案：C（电工制造《安规》附录 L.6.3）

【单选题】滑轮槽底磨损，铸造滑轮达钢丝绳原直径的（　　）应报废。

A. 50%　　B. 40%　　C. 30%　　D. 20%

答案：C（电工制造《安规》附录 L.6.4）

【单选题】滑轮轴磨损量达原直径的（　　）应报废。

A. 5%　　B. 3%　　C. 6%　　D. 7%

答案：B（电工制造《安规》附录 L.6.5）

【判断题】起重机械钢丝绳在一个捻节距内断丝数达钢丝绳总丝数的 20%给予报废。

答案：错误（电工制造《安规》附录 L.1.1）

【判断题】钢丝径向磨损或腐蚀量超过原直径的 20%则应报废，当不到 40%时，可按规定折减断丝数报废。

答案：错误（电工制造《安规》附录 L.1.2）

【判断题】起重机械吊运炽热金属或危险品的钢丝绳的报废丝数，取一般起重机用钢丝绳报废标准的一半数。

答案：正确（电工制造《安规》附录 L.1.3）

【判断题】当钢丝绳直径相对于公称直径减小 7%或更多时，即使未发现断丝，该钢丝绳也应报废。

答案：正确（电工制造《安规》附录 L.1.6）

【判断题】卸扣扣体和轴销任何一处截面磨损量达原尺寸的 7%以上，应报废。

答案：错误（电工制造《安规》附录 L.2.2）

【判断题】麻绳（剑麻白棕绳）、纤维绳的绳表面纤维严重磨损，局部绳径变细，或任一绳股磨损达原绳股 1/3 给予报废。

答案：正确（电工制造《安规》附录 L.4.2）

【判断题】吊钩钩身的扭转角超过 10° 应给以报废。

答案：正确（电工制造《安规》附录 L.5.5）

【判断题】吊钩板钩衬套磨损达原尺寸的 50%时，应报废衬套。

答案：正确（电工制造《安规》附录 L.5.7）

【判断题】吊钩板钩心轴磨损达原尺寸的 5%时，应报废心轴。

答案：正确（电工制造《安规》附录 L.5.8）

【判断题】吊钩板钩防磨板磨损达原厚度的 50%时，应报废防磨板。

答案：正确（电工制造《安规》附录 L.5.10）

【判断题】滑轮轮槽不均匀磨损达 2mm 应报废。

答案：错误（电工制造《安规》附录 L.6.2）

【判断题】滑轮轮槽壁厚磨损达原壁厚的 20%应报废。

答案：正确（电工制造《安规》附录 L.6.3）

【判断题】滑轮槽底磨损，铸造滑轮达钢丝绳原直径的 30%应报废。

答案：正确（电工制造《安规》附录 L.6.4）

【判断题】滑轮轴磨损量达原直径的 3%应报废。

答案：正确（电工制造《安规》附录 L.6.5）

【填空题】起重机械钢丝绳在一个捻节距内断丝数达钢丝绳总丝数的________应报废。

答案：10%（电工制造《安规》附录 L.1.1）

【填空题】钢丝径向磨损或腐蚀量超过原直径的________则应报废。

答案：40%（电工制造《安规》附录 L.1.2）

【填空题】当钢丝绳直径相对于公称直径减小________或更多时，即使未发现断丝，该钢丝绳也应报废。

答案：7%（电工制造《安规》附录 L.1.6）

【填空题】卸扣扣体和轴销任何一处截面磨损量达原尺寸

的 ________ 以上应报废。

答案：10%（电工制造《安规》附录 L.2.2）

【填空题】麻绳绳表面纤维严重磨损，局部绳径变细，或任一绳股磨损达原绳股________应报废。

答案：1/3（电工制造《安规》附录 L.4.2）

【填空题】吊钩板钩衬套磨损达原尺寸的________时，应报废衬套。

答案：50%（电工制造《安规》附录 L.5.7）

【填空题】吊钩板钩防磨板磨损达原厚度的________时，应报废防磨板。

答案：50%（电工制造《安规》附录 L.5.10）

【问答题】起重工器具中钢丝绳的报废标准是什么？

答案：（1）起重机械钢丝绳在一个捻节距内断丝数达钢丝绳总丝数的 10%。

（2）钢丝径向磨损或腐蚀量超过原直径的 40%则应报废，当不到 40%时，可按规定折减断丝数报废。

（3）起重机械吊运炽热金属或危险品的钢丝绳的报废丝数，取一般起重机用钢丝绳报废标准的一半数。

（4）对于符合 ISO 2408 标准所规定的结构钢丝绳，报废的断丝数应按 GB 5972 中规定数执行。

（5）整条绳股断裂应报废。

（6）当钢丝绳直径相对于公称直径减小 7%或更多时，即使未发现断丝，该钢丝绳也应报废。

（7）麻芯外露应报废。

（8）钢丝绳有明显的腐蚀应报废。

（9）局部外层钢丝伸长呈笼型状态应报废。

（电工制造《安规》附录 L.1）

【问答题】起重工器具中卸扣的报废标准是什么？

答案：（1）有明显永久变形或轴销不能转动自如。

（2）扣体和轴销任何一处截面磨损量达原尺寸的 10%以上。

（3）卸扣任何一处出现裂纹。

（4）卸扣不能闭锁。

（5）卸扣试验后不合格。

（电工制造《安规》附录 L.2）

【问答题】起重工器具中合成纤维吊装带的报废标准是什么？

答案：（1）织带（含保护套）严重磨损、穿孔、切口、撕断。

（2）承载接缝绽开、缝线磨断。

（3）吊带纤维软化、老化、弹性变小、强度减弱。

（4）纤维表面粗糙易于剥落。

（5）吊带出现死结。

（6）吊带表面有过多的点状疏松、腐蚀，酸碱烧损以及热熔化或烧焦。

（7）带有红色警戒线吊带的警戒线裸露。

（电工制造《安规》附录 L.3）

【问答题】起重工器具中吊钩的报废标准是什么？

答案：（1）吊钩出现裂纹。

（2）危险断面磨损或腐蚀，按 GB/T 10051.2 制造的吊钩（含进口吊钩）达原尺寸的 5%；其他吊钩达原尺寸的 10%。

（3）钩柄产生塑性变形。

（4）按 GB/T 10051.2 制造的吊钩开口度比原尺寸增加 10%；其他吊钩开口度比原尺寸增加 15%。

（5）钩身的扭转角超过 10°。

（6）钩片侧向弯曲变形半径小于板厚 10 倍。

（7）板钩衬套磨损达原尺寸的 50%时，应报废衬套。

（8）板钩心轴磨损达原尺寸的 5%时，应报废心轴。

（9）板钩铆钉松弛或损坏，使板间间隙明显增大，应更换铆钉。

（10）板钩防磨板磨损达原厚度的 50%时，应报废防磨板。

（电工制造《安规》附录 L.5）

【问答题】起重工器具中滑轮的报废标准是什么？

答案：（1）滑轮出现裂纹。

（2）轮槽不均匀磨损达 3mm。

（3）轮槽壁厚磨损达原壁厚的 20%。

（4）滑轮槽底磨损，铸造滑轮达钢丝绳原直径的 30%。

（5）滑轮轴磨损量达原直径的 3%。

（电工制造《安规》附录 L.6）

第二部分

安全设施标准习题

【单选题】安全色中（　　）传递禁止、停止、危险或提示消防设备、设施的信息。

A. 蓝色　　B. 红色　　C. 黄色　　D. 绿色

答案：B（《安全设施标准　第 6 部分：装备制造业》3.2）

【单选题】安全色中（　　）传递必须遵守规定的指令性信息。

A. 蓝色　　B. 红色　　C. 黄色　　D. 绿色

答案：A（《安全设施标准　第 6 部分：装备制造业》3.2）

【单选题】安全色中（　　）传递注意、警告的信息。

A. 蓝色　　B. 红色　　C. 黄色　　D. 绿色

答案：C（《安全设施标准　第 6 部分：装备制造业》3.2）

【单选题】安全色中（　　）传递表示安全的提示性信息。

A. 蓝色　　B. 红色　　C. 黄色　　D. 绿色

答案：D（《安全设施标准　第 6 部分：装备制造业》3.2）

【单选题】消防设施放置地点应设置的安全警示线为（　　）。

A. 禁止阻塞线　　B. 安全警戒线

C. 防止踏空线　　D. 防止绊跤线

答案：A（《安全设施标准　第 6 部分：装备制造业》5.1.23）

【单选题】易发生坠落危险的作业场所，如高处从事建筑、检修、安装等作业，应设置（　　）指令标志。

A. 必须系安全带

B. 必须戴防毒面具

C. 必须用防护屏

D. 必须佩戴绝缘防护用品

答案：A（《安全设施标准　第 6 部分：装备制造业》表 4）

【单选题】气瓶储存、使用场所，应设置（　　）指令标志。

A. 必须接地　　B. 必须加强通风

C. 必须采取固定措施　　D. 必须保持清洁

答案：C（《安全设施标准　第 6 部分：装备制造业》表 4）

【单选题】逃生、消防等安全通道处，应设置（　　）指令标志。

A. 必须接地　　　　　　B. 必须加强通风

C. 通道必须保持通畅　　D. 必须保持清洁

答案：C（《安全设施标准　第6部分：装备制造业》表4）

【单选题】路沿警示标志设置在厂内急转弯处的外路沿以及深沟旁边的路沿，以防事故发生。路沿警示标志设置颜色为（　　）相间。

A. 红黑　　B. 红白　　C. 黄黑　　D. 黄白

答案：B（《安全设施标准　第6部分：装备制造业》5.6.6.1）

【单选题】车位线标志应设置在停车场地面上，应满足车辆停入，颜色为（　　）色。

A. 红　　B. 黄　　C. 蓝　　D. 绿

答案：B（《安全设施标准　第6部分：装备制造业》5.6.6.2）

【单选题】设备运行状态卡中，运行状态的背景颜色应为（　　）色。

A. 红　　B. 黄　　C. 蓝　　D. 绿

答案：D（《安全设施标准　第6部分：装备制造业》6.1.2.2）

【单选题】设备运行状态卡中，故障状态的背景颜色应为（　　）色。

A. 红　　B. 黄　　C. 蓝　　D. 绿

答案：B（《安全设施标准　第6部分：装备制造业》6.1.2.2）

【单选题】设备运行状态卡中，停用状态的背景颜色应为（　　）色。

A. 红　　B. 黄　　C. 蓝　　D. 绿

答案：A（《安全设施标准　第6部分：装备制造业》6.1.2.2）

【单选题】地线接地端标志为（　　）。

A. 三角形　　B. 圆形　　C. 正方形　　D. 菱形

答案：A（《安全设施标准　第6部分：装备制造业》表11）

【单选题】地线接地端标志的边框为（　　）色。

A. 红　　B. 黄　　C. 蓝　　D. 黑

答案：D（《安全设施标准　第6部分：装备制造业》表11）

【单选题】管道内介质为水时，管道标志的色样应为（　　）。

A. 鲜绿　　B. 深蓝　　C. 深灰　　D. 中黄

答案：A（《安全设施标准　第6部分：装备制造业》表13）

【单选题】管道内介质为空气时，管道标志的色样应为（　　）。

A. 鲜绿　　B. 大红　　C. 深灰　　D. 中黄

答案：C（《安全设施标准　第6部分：装备制造业》表13）

【单选题】管道内介质为氧时，管道标志的色样应为（　　）。

A. 紫　　B. 棕　　C. 黑　　D. 深蓝

答案：D（《安全设施标准　第6部分：装备制造业》表13）

【单选题】机床设备旋转部位的防护罩应喷涂为（　　）。

A. 红色　　B. 绿色　　C. 蓝色　　D. 黄色

答案：A（《安全设施标准　第6部分：装备制造业》表14）

【单选题】转动方向标志中宜采用（　　）色箭头标明转动方向。

A. 红　　B. 黄　　C. 蓝　　D. 白

答案：D（《安全设施标准　第6部分：装备制造业》表14）

【单选题】安全警示线一般采用黄色或与（　　）色同时使用。

A. 红　　B. 黑　　C. 蓝　　D. 白

答案：B（《安全设施标准　第6部分：装备制造业》7.1.2）

【单选题】在建筑物楼梯的第一级台阶上或人行通道落差300 mm以上的边缘处应标注（　　）安全警示线。

A. 禁止阻塞线　　B. 减速提示线

C. 防止踏空线　　D. 防止绊跤线

答案：C（《安全设施标准　第6部分：装备制造业》7.8.3）

【单选题】（　　）必须正确佩戴工作帽。

A. 高处作业

B. 经皮肤、呼吸道能产生毒害物质的作业

C. 高温作业

D. 人工搬运作业

答案：B（《安全设施标准 第6部分：装备制造业》表17）

【单选题】红色安全帽是供（ ）使用的。

A. 作业人员 B. 管理人员

C. 施工、试验人员 D. 外来参观人员

答案：B（《安全设施标准 第6部分：装备制造业》表17）

【单选题】黄色安全帽是供（ ）使用的。

A. 作业人员 B. 管理人员

C. 施工、试验人员 D. 外来参观人员

答案：A（《安全设施标准 第6部分：装备制造业》表17）

【单选题】蓝色安全帽是供（ ）使用的。

A. 作业人员 B. 管理人员

C. 施工、试验人员 D. 外来参观人员

答案：C（《安全设施标准 第6部分：装备制造业》表17）

【单选题】白色安全帽是供（ ）使用的。

A. 作业人员 B. 管理人员

C. 施工、试验人员 D. 外来参观人员

答案：D（《安全设施标准 第6部分：装备制造业》表17）

【单选题】过滤式防毒面具是在（ ）环境中使用的呼吸器。

A. 有氧 B. 无氧 C. 二者皆可

答案：A（《安全设施标准 第6部分：装备制造业》表17）

【单选题】在没有栏杆防护，坠落高度基准面大于（ ）m的作业时，应使用安全带。

A. 1 B. 1.5 C. 2 D. 2.5

答案：C（《安全设施标准 第6部分：装备制造业》表17）

【单选题】防小动物挡板上部应设有（ ）安全警示线。

A. 禁止堵塞线　　B. 安全警戒线

C. 防止绊跤线　　D. 防止踏空线

答案：C（《安全设施标准　第 6 部分：装备制造业》表 17）

【单选题】沿升降平台的工作台四周边缘，应设置高出台面至少（　　）mm 的围板，防止物品沿台面滑落。

A. 50　　B. 100　　C. 150　　D. 200

答案：B（《安全设施标准　第 6 部分：装备制造业》附录 B.2.6.3）

【单选题】冲剪压机械的紧急停车装置的开关形状应区别于一般控制开关，颜色为（　　）色。

A. 红　　B. 黄　　C. 蓝　　D. 白

答案：A（《安全设施标准　第 6 部分：装备制造业》附录 B.3.1.1）

【单选题】工业气瓶的空、实瓶应分开放置，有明显的标记，并保持间距（　　）m 以上。

A. 1.5　　B. 1.8　　C. 2　　D. 2.5

答案：A（《安全设施标准　第 6 部分：装备制造业》附录 B.4.2.5）

【多选题】安全设施是生产经营活动中将危险因素、有害因素控制在安全范围内，以及预防、减少、消除危害所配置的（　　）等的统称。

A. 安全标志　　B. 安全防护设施

C. 设备标志　　D. 安全警示线

答案：ABCD（《安全设施标准　第 6 部分：装备制造业》3.1）

【多选题】安全色是传递安全信息含义的颜色，包括（　　）等颜色。

A. 红色　　B. 蓝色　　C. 绿色　　D. 黄色

答案：ABCD（《安全设施标准　第 6 部分：装备制造业》3.2）

【多选题】对比色是使安全色更加醒目的反衬色，包括

(　　) 等颜色。

A. 红色　　B. 黑色　　C. 绿色　　D. 白色

答案: BD (《安全设施标准　第 6 部分: 装备制造业》3.3)

【多选题】安全标志是用以表达特定安全信息的标志，由(　　) 组成。

A. 图形符号　　B. 安全色

C. 文字　　D. 几何形状 (边框)

答案: ABCD (《安全设施标准　第 6 部分: 装备制造业》3.4)

【多选题】高处作业的地点，应设置 (　　) 标志牌，下方应装设 "当心落物" 警告标志牌。

A. 当心坠落　　B. 禁止抛物

C. 必须系安全带　　D. 当心机械伤人

答案: ABC (《安全设施标准　第 6 部分: 装备制造业》5.1.22)

【多选题】厂内交通标志包括 (　　)。

A. 禁令标志　B. 警告标志　C. 指示标志　D. 提示标志

答案: ABC (《安全设施标准　第 6 部分: 装备制造业》5.6.2)

【多选题】厂内交通标志中指示标志牌的基本型式包括 (　　)。

A. 圆形　　B. 长方形　　C. 正方形　　D. 三角形

答案: ABC (《安全设施标准　第 6 部分: 装备制造业》5.6.5.2)

【多选题】(　　) 应在醒目处标明荷载标志牌。

A. 生产厂房各层平台　　B. 行车车身

C. 吊索具　　D. 叉车

答案: ABC (《安全设施标准　第 6 部分: 装备制造业》6.6.2)

【多选题】下列安全警示线中颜色是黄黑相间的有 (　　)。

A. 禁止阻塞线　　B. 安全警戒线

C. 减速提示线　　D. 防止踏空线

答案: AC (《安全设施标准　第 6 部分: 装备制造业》表 16)

【多选题】安全警示线的颜色一般采用 (　　)。

A. 纯黄色　　B. 纯红色　　C. 黄黑相间　D. 红黑相间

答案：AC（《安全设施标准　第6部分：装备制造业》7.1.2）

【多选题】下列（　　）应正确佩戴工作帽。

A. 操作转动机械作业　　B. 腐蚀性作业

C. 人工搬运作业　　D. 放射性物质的作业

答案：ABD（《安全设施标准　第6部分：装备制造业》表17）

【多选题】工作帽主要包括（　　）。

A. 劳保帽　　B. 防尘帽　　C. 防静电帽　D. 安全帽

答案：ABC（《安全设施标准　第6部分：装备制造业》表17）

【多选题】特殊防护服包括（　　）。

A. 化学品防护服　　B. 焊接防护服

C. 防尘服　　D. 绝缘服

答案：ABCD（《安全设施标准　第6部分：装备制造业》表17）

【多选题】防护眼镜包括（　　）。

A 防冲击护目镜　　B. 防放射性护目镜

C. 防激光护目镜　　D. 焊接面罩

答案：ABCD（《安全设施标准　第6部分：装备制造业》表17）

【多选题】防护手套包括（　　）。

A. 绝缘手套　　B. 防机械伤害手套

C. 焊接手套　　D. 耐酸碱手套

答案：ABCD（《安全设施标准　第6部分：装备制造业》表17）

【多选题】防护鞋（靴）包括（　　）。

A. 防砸鞋（靴）　　B. 绝缘鞋

C. 防滑鞋　　D. 隔热阻燃鞋

答案：ABCD（《安全设施标准　第6部分：装备制造业》表17）

【多选题】水沟盖板可采用（　　）制作。

A. 铁质材料　　B. 钢筋混凝土

C. 塑料板　　D. 橡胶板

答案：AB（《安全设施标准　第6部分：装备制造业》表17）

【多选题】防小动物挡板宜采用（　　）等材料制作。

A. 不锈钢　　B. 铝合金　　C. 塑料板　　D. 橡胶板

答案：AB（《安全设施标准　第6部分：装备制造业》表17）

【判断题】生产经营场所配置的安全设施主要分为三类：安全标志、设备标志和安全防护设施。

答案：错误（《安全设施标准　第6部分：装备制造业》3.1）

【判断题】安全色是传递安全信息含义的颜色，包括红、蓝、黄、黑四种颜色。

答案：错误（《安全设施标准　第6部分：装备制造业》3.2）

【判断题】安全色中红色传递必须遵守规定的指令性信息。

答案：错误（《安全设施标准　第6部分：装备制造业》3.2）

【判断题】安全色中黄色传递注意、警告的信息。

答案：正确（《安全设施标准　第6部分：装备制造业》3.2）

【判断题】安全色中绿色传递表示安全的提示性信息。

答案：正确（《安全设施标准　第6部分：装备制造业》3.2）

【判断题】对比色是使安全色更加醒目的反衬色，包括黑、白两种颜色。

答案：正确（《安全设施标准　第6部分：装备制造业》3.3）

【判断题】安全标志是用以表达特定安全信息的标志，由图形符号、安全色、文字和标点符号组成。

答案：错误（《安全设施标准　第6部分：装备制造业》3.4）

【判断题】安全标志牌可以设在可移动的部位上，允许标志牌随母体物体相应移动。

答案：错误（《安全设施标准　第6部分：装备制造业》4.4.3）

【判断题】电气系统设备上使用的移动悬挂式标志牌，其悬挂材料无特殊要求。

答案：错误（《安全设施标准　第6部分：装备制造业》4.5.4）

【判断题】设备、设施上的标志牌宜使用螺丝、铆钉、铁丝绑扎方式固定在设备或专用支架上。

答案：错误（《安全设施标准　第 6 部分：装备制造业》4.5.7）

【判断题】多个安全标志在一起配置使用时，应按照禁止、警告、指令、提示类型的顺序，先左后右、先上后下地排列。

答案：错误（《安全设施标准　第 6 部分：装备制造业》5.1.6）

【判断题】安全标志牌的固定方式可采用附着式、悬挂式和柱式。

答案：正确（《安全设施标准　第 6 部分：装备制造业》5.1.7）

【判断题】消防设施放置地点应设置安全警戒线。

答案：错误（《安全设施标准　第 6 部分：装备制造业》5.1.23）

【判断题】禁止标志牌中表示禁止标志的图形边框是三角形。

答案：错误（《安全设施标准　第 6 部分：装备制造业》5.2.1）

【判断题】警告标志牌长方形衬底色为白色，正三角形边框底色为黄色，边框及标志符号为黑色。

答案：正确（《安全设施标准　第 6 部分：装备制造业》5.3.2）

【判断题】指令标志牌中表示指令标志的图形边框是三角形。

答案：错误（《安全设施标准　第 6 部分：装备制造业》5.4.1）

【判断题】提示标志牌衬底色是黄色，标志符号是白色。

答案：错误（《安全设施标准　第 6 部分：装备制造业》5.5.2）

【判断题】厂内交通标志包括禁令标志、警告标志和指示标志。

答案：正确（《安全设施标准　第 6 部分：装备制造业》5.6.2）

【判断题】厂内交通标志中禁令标志牌的颜色除个别标志外，为白底、黑圈、红杠、黑图案，图案压杠。

答案：错误（《安全设施标准　第 6 部分：装备制造业》5.6.3.2）

【判断题】厂内交通标志中警告标志牌的基本型式为正方形。

答案：错误（《安全设施标准　第 6 部分：装备制造业》5.6.4.2）

【判断题】厂内交通标志中警告标志牌的颜色为黄底、黑边、黑图案，图案压杠。

答案：正确（《安全设施标准　第 6 部分：装备制造业》5.6.4.3）

【判断题】厂内交通标志中指示标志牌的基本型式包括圆

形、长方形、正方形和三角形。

答案：错误(《安全设施标准　第6部分：装备制造业》5.6.5.2)

【判断题】厂内交通标志中指示标志牌的颜色为蓝底、白图案。

答案：正确(《安全设施标准　第6部分：装备制造业》5.6.5.3)

【判断题】消防安全标志按照主题内容与适用范围，分为火灾报警及灭火设备标志、火灾疏散途径标志和方向辅助标志。

答案：正确(《安全设施标准　第6部分：装备制造业》5.7.3)

【判断题】设备设施标志中，设备命名只需要标明设备名称即可。

答案：错误(《安全设施标准　第6部分：装备制造业》6.1.2)

【判断题】设备运行状态卡可分为运行、故障、停用、报废四种。

答案：错误(《安全设施标准　第6部分：装备制造业》6.1.2.1)

【判断题】设备运行状态卡中，运行状态的背景颜色应为绿色。

答案：正确(《安全设施标准　第6部分：装备制造业》6.1.2.2)

【判断题】设备运行状态卡中，故障状态的背景颜色应为红色。

答案：错误(《安全设施标准　第6部分：装备制造业》6.1.2.2)

【判断题】管道上设置的管道标志应标注介质名称、介质流向箭头和管道长度。

答案：错误(《安全设施标准　第6部分：装备制造业》表13)

【判断题】管道内介质为水时，管道标志的色样应为黑色。

答案：错误(《安全设施标准　第6部分：装备制造业》表13)

【判断题】管道内介质为空气时，管道标志的色样应为深灰色。

答案：正确(《安全设施标准　第6部分：装备制造业》表13)

【判断题】生产厂房各层平台、行车车身、吊索具、叉车上应在醒目处标明荷载标志牌。

答案：错误(《安全设施标准　第6部分：装备制造业》6.6.2)

【判断题】安全警示线的颜色为纯黄色。

答案：错误（《安全设施标准　第 6 部分：装备制造业》7.1.2）

【判断题】安全帽用于防御物体对头部造成冲击、刺穿、挤压等伤害。

答案：正确（《安全设施标准　第 6 部分：装备制造业》表 17）

【判断题】人工搬运作业应正确佩戴安全帽。

答案：正确（《安全设施标准　第 6 部分：装备制造业》表 17）

【判断题】铲、装、吊、推机械操作作业应正确佩戴工作帽。

答案：错误（《安全设施标准　第 6 部分：装备制造业》表 17）

【判断题】红色安全帽为作业人员使用。

答案：错误（《安全设施标准　第 6 部分：装备制造业》表 17）

【判断题】白色安全帽为外来参观人员使用。

答案：正确（《安全设施标准　第 6 部分：装备制造业》表 17）

【判断题】移动式起重机械的司机室上应安装警铃或警灯信号装置。

答案：正确（《安全设施标准　第 6 部分：装备制造业》附录 B.2.2.4）

【判断题】起重机械上外露的、有伤人可能的活动零部件应装设防护罩。

答案：正确（《安全设施标准　第 6 部分：装备制造业》附录 B.2.2.5）

【判断题】电力驱动的起重机械的金属结构及所有电气设备外壳、管槽，电缆金属外皮和变压器低压侧应可靠接地。

答案：正确（《安全设施标准　第 6 部分：装备制造业》附录 B.2.2.6）

【判断题】桥式起重机运行轨道不需要接地。

答案：错误（《安全设施标准　第 6 部分：装备制造业》附录 B.2.2.6）

【判断题】在地面操作的起重机械操作器，控制电缆线应装设抗拉线。

答案：正确（《安全设施标准　第 6 部分：装备制造业》附录 B.2.2.7）

【判断题】起重机械的司机室内应配置手提式二氧化碳灭火器，但地面不需要铺设绝缘垫。

答案：错误（《安全设施标准　第 6 部分：装备制造业》附录 B.2.2.8）

【判断题】高于 20m 的室外作业起重机械顶端应设置红色障碍灯。

答案：错误（《安全设施标准　第 6 部分：装备制造业》附录 B.2.2.9）

【判断题】起重机械的醒目位置应标明额定起重量。

答案：正确（《安全设施标准　第 6 部分：装备制造业》附录 B.2.2.10）

【判断题】桥式起重机械的司机室、电动葫芦的操作电源箱应上锁，箱门上或附近醒目位置应张贴安全检验合格证和安全操作规定。

答案：正确（《安全设施标准　第 6 部分：装备制造业》附录 B.2.2.11）

【判断题】电梯内应有通风装置、超限报警装置、照明装置、救援电话及号码、紧急呼救按钮，并应贴有专业部门检验合格的安全检验合格证。

答案：正确（《安全设施标准　第 6 部分：装备制造业》附录 B.2.4）

【判断题】叉车不需要标注额定起重量。

答案：错误（《安全设施标准　第 6 部分：装备制造业》附录 B.2.5）

【填空题】生产经营活动中将危险因素、有害因素控制在安全范围内，以及预防、减少、消除危害所配置的安全标志、________、________、安全防护设施等统称为安全设施。

答案：设备标志　安全警示线（《安全设施标准　第 6 部分：装备制造业》3.1）

【填空题】安全色中________色传递禁止、停止、危险或提示消防设备、设施的信息。

答案：红（《安全设施标准　第 6 部分：装备制造业》3.2）

【填空题】安全色中________色传递必须遵守规定的指令性信息。

答案：蓝（《安全设施标准　第 6 部分：装备制造业》3.2）

【填空题】安全色中________色传递表示安全的提示性信息。

答案：绿（《安全设施标准　第 6 部分：装备制造业》3.2）

【填空题】对比色是使安全色更加醒目的反衬色，包括________色、________色两种颜色。

答案：黑　白（《安全设施标准　第 6 部分：装备制造业》3.3）

【填空题】电气系统设备上使用的移动悬挂式标志牌，其悬挂材料应使用________。

答案：绝缘材料（《安全设施标准　第 6 部分：装备制造业》4.5.4）

【填空题】消防设施放置地点应设置________安全警示线。

答案：禁止阻塞线（《安全设施标准　第 6 部分：装备制造业》5.1.23）

【填空题】禁止标志牌长方形衬底色为白色，带斜杠的圆边框为________色，标志符号为黑色。

答案：红（《安全设施标准　第 6 部分：装备制造业》5.2.2）

【填空题】逃生通道、紧急出口等禁止锁闭的门上，应设置________禁止标志牌。

答案：禁止锁闭（《安全设施标准　第 6 部分：装备制造业》表 2）

【填空题】消防器材存放处、消防通道、逃生通道、车间主通道及巡视通道等禁止堆放杂物的场所，应设置________禁止标志牌。

答案：禁止堆放（《安全设施标准　第6部分：装备制造业》表2）

【填空题】警告标志牌中表示警告标志的图形边框是_______形。

答案：正三角（《安全设施标准　第6部分：装备制造业》5.3.1）

【填空题】生产场所内车、人混合行走的路段，道路的拐角处、平交路口，车辆出入较多的生产场所出入口处，应设置________警告标志牌。

答案：当心车辆（《安全设施标准　第6部分：装备制造业》表3）

【填空题】指令标志牌长方形衬底色为白色，圆形边框底色为________色，标志符号为白色。

答案：蓝（《安全设施标准　第6部分：装备制造业》5.4.2）

【填空题】有叉车通行的场所，应设置________警告标志牌。

答案：当心叉车（《安全设施标准　第6部分：装备制造业》表3）

【填空题】提示标志牌衬底色为______色，标志符号为白色。

答案：绿（《安全设施标准　第6部分：装备制造业》5.5.2）

【填空题】厂内交通标志包括禁令标志、警告标志和________标志三种。

答案：指示（《安全设施标准　第6部分：装备制造业》5.6.2）

【填空题】禁止驶入的路段入口或单行路的出口处，应设置________交通禁令标志。

答案：禁止驶入（《安全设施标准　第6部分：装备制造业》表6）

【填空题】厂内交通标志中警告标志牌的颜色为________底、黑边、黑图案，图案压杠。

答案：黄（《安全设施标准　第6部分：装备制造业》5.6.4.3）

【填空题】便于安全疏散的紧急出口处，与方向箭头结合设在通向紧急出口的通道、楼梯口等处，应设置________标志。

答案：紧急出口（《安全设施标准　第 6 部分：装备制造业》表 9）

【填空题】设备运行状态卡可分为运行、故障、________三种。

答案：停用（《安全设施标准　第 6 部分：装备制造业》6.1.2.2）

【填空题】安全警示线一般采用________色或与对比色（黑色）同时使用。

答案：黄（《安全设施标准　第 6 部分：装备制造业》7.1.2）

【填空题】在道路的弯道、交叉路口和限速区域的入口处，应设置________安全警示线。

答案：减速提示线/减速带（《安全设施标准　第 6 部分：装备制造业》表 16）

【填空题】厂区车辆行驶通道上、转弯处建筑物棱角、支架柱、管架柱及车辆出入大门的两侧、各种机械在工作或移动时容易碰撞的部位，应设置________安全警示线。

答案：防撞警示线（《安全设施标准　第 6 部分：装备制造业》表 16）

【填空题】流动式起重机械臂一侧应标注醒目的________文字标志。

答案：起重臂下严禁站人（《安全设施标准　第 6 部分：装备制造业》附录 B.2.2.3）

【填空题】流动式起重机械臂回转尾部应在适当位置标注醒目的________文字标志。

答案：作业半径内注意安全（《安全设施标准　第 6 部分：装备制造业》附录 B.2.2.3）

【填空题】移动式起重机械的司机室上应安装________、________信号装置。

答案：警铃　警灯（《安全设施标准　第 6 部分：装备制造业》附录 B.2.2.4）

【填空题】起重机械上外露的、有伤人可能的活动零部件应装设________。

答案：防护罩（《安全设施标准　第 6 部分：装备制造业》附录 B.2.2.5）

【填空题】电力驱动的起重机械的金属结构及所有电气设备外壳、管槽，电缆金属外皮和变压器低压侧应可靠________。

答案：接地（《安全设施标准　第 6 部分：装备制造业》附录 B.2.2.6）

【填空题】在轨道上工作的起重机械，一般通过________、________接地。

答案：车轮　轨道（《安全设施标准　第 6 部分：装备制造业》附录 B.2.2.6）

【填空题】在轨道上工作的起重机械，必要时应另设专用________或采取其他的有效措施。

答案：接地滑线（《安全设施标准　第 6 部分：装备制造业》附录 B.2.2.6）

【填空题】在地面操作的起重机械操作器，控制电缆线应装设________。

答案：抗拉线（《安全设施标准　第 6 部分：装备制造业》附录 B.2.2.7）

【填空题】起重机械的司机室内应配置手提式二氧化碳灭火器，地面应铺设________。

答案：绝缘垫（《安全设施标准　第 6 部分：装备制造业》附录 B.2.2.8）

【填空题】高于________m 的室外作业起重机械顶端应设置红色障碍灯。

答案：30（《安全设施标准　第 6 部分：装备制造业》附录

B.2.2.9）

【填空题】载货升降吊笼层间入口门应有电气和机械________。

答案：闭锁装置（《安全设施标准　第6部分：装备制造业》附录B.2.3.1）

【填空题】沿升降平台的工作台四周边缘，应设置高出台面至少________mm的围板，防止物品沿台面滑落。

答案：100（《安全设施标准　第6部分：装备制造业》附录B.2.6.3）

【简答题】安全设施主要分为哪几类？

答案：安全设施主要分为四大类：安全标志、设备标志、安全警示线、安全防护设施。

（《安全设施标准　第6部分：装备制造业》3.1）

【简答题】安全标志一般包括哪几种基本类型？多个安全标志在一起配置使用时，应按照什么样的顺序设置？

答案：（1）安全标志包括禁止标志、警告标志、指令标志、提示标志四种基本类型。

（2）多个安全标志在一起配置使用时，应按照警告、禁止、指令、提示类型的顺序，先左后右、先上后下地排列，并应避免出现相互矛盾、重复的现象。

（《安全设施标准　第6部分：装备制造业》5.1.1、5.1.6）

【简答题】安全帽有什么作用？哪些作业场所应正确佩戴安全帽？

答案：（1）安全帽用于防御物体对头部造成冲击、刺穿、挤压等伤害。

（2）从事或进入存在物体坠落、撞击、碎屑飞溅的作业、高温作业、高处作业、人工搬运作业及铲、装、吊、推机械操作作业等的人员或场所应正确佩戴安全帽。

（《安全设施标准　第6部分：装备制造业》表17）

【简答题】安全帽实行分色管理，不同颜色的安全帽如何分配使用？

答案：（1）红色安全帽为管理人员使用；

（2）黄色安全帽为作业人员使用；

（3）蓝色安全帽为施工、试验等人员使用；

（4）白色安全帽为外来参观人员使用。

（《安全设施标准　第 6 部分：装备制造业》表 17）

【简答题】升降平台醒目位置应设置固定产品标牌，标牌上应该标明哪些内容？

答案：产品标牌应注明：制造厂名或厂标，产品名称及型号，最大载重量（t），最大起升高度，上升和下降速度（m/min），蓄电池额定电压（V），液压系统额定工作压力（Pa），电机功率（kW），自重（t），出厂日期及产品编号。

《安全设施标准　第 6 部分：装备制造业》附录 B.2.6.1）

【问答题】什么是安全警示线？安全警示线包括哪些？

答案：（1）安全警示线用于界定和分割危险区域和设备运行区域，向人们传递某种警告或引起注意的信息，以避免人身伤害、设备损坏、影响设备（设施）正常运行或使用。

（2）安全警示线包括禁止阻塞线、减速提示线、安全警戒线、防撞警示线、防止绊跤线、防止踏空线、防止碰头线和生产通道边缘警戒线等。

（《安全设施标准　第 6 部分：装备制造业》7.1.1）

【问答题】防护鞋（靴）主要有什么作用？请列举至少 5 种不同防护功能的防护鞋（靴）。

答案：（1）防护鞋（靴）用于保护足趾免受冲击或挤压伤害，防止静电积聚、触电伤害、滑倒、油污污染，防御酸、碱、高温、熔融金属、高温金属、熔融金属火花、焊接作业的火花及高温辐射对足部的伤害。

（2）现场工作人员应根据工种不同，分别穿戴防砸鞋（靴）、绝缘鞋、防滑鞋、隔热阻燃鞋、防静电鞋、焊接防护鞋、防化学品鞋（靴）、耐油鞋、耐酸碱鞋。

（《安全设施标准　第 6 部分：装备制造业》表 17）

【问答题】凸面镜有什么作用？凸面镜设置要求有哪些？

答案：（1）凸面镜也叫广角镜、反光镜、转弯镜，用于预先发现工厂内行进通道上的人和车辆等前方情况，防止因冲撞而发生事故。

（2）凸面镜设置要求：

1）凸面镜设置在能够观察到前方全部情况的道路转弯处；

2）固定要牢固，防止被车辆刮倒；

3）镜面下边缘距地面高度为 1500mm；

4）支撑杆的颜色为黄色或黑黄斑马纹。

（《安全设施标准　第 6 部分：装备制造业》表 17）

第三部分

案例分析

案例 1　通用作业

某公司职工张某在滚筒车间作业。晚上 20 时 40 分，由于天气闷热，张某来到磷化车间内，准备将磷化车间门口的落地电风扇移过来时，忽然大叫一声，双手紧紧抱住电风扇。滚筒车间的职工周某听到叫声，马上过来将电风扇的电源插头拔掉，张某与电风扇一起倒地。周某迅速叫来其他人员，将张某抬到办公室的走廊里进行人工呼吸和胸外心脏按压抢救，同时打“120”，并向卫生院求救。10min 后，医生赶到现场，继续做人工呼吸和胸外心脏按压救治，120 救护车赶到现场后，经医生诊断，张某已经死亡。

试分析该起事故的原因。

答案：（1）操作工张某安全意识薄弱，在移动电风扇时没有切断电源，电风扇漏电，导致触电，是造成事故的直接原因。

（2）公司安全用电管理不严，移动电器设备未安装剩余电流动作保护器，存在不安全因素，是造成事故的主要原因。

（3）公司对职工的安全教育不够，导致职工安全意识不强，缺乏相应安全用电知识，是导致事故的间接原因。

案例 2　起重作业

某化工有限公司领工潘某带领部分人员来到工地一楼座进行外墙保温工程施工前的吊篮安装作业。就在该化工有限公司外墙保温工程施工现场负责人与建设有限公司的该楼座负责人协调吊装吊篮部件时，潘某带领人员将吊篮支架等部件用钢丝绳捆绑后，挂到该楼座塔吊吊钩上，要求建设有限公司的塔吊工罗某（无操作证）将其起吊到楼顶。塔吊工罗某开始时拒绝，但看到他们已经将东西挂到塔吊钩上了，并且听到潘某在下面说“领导说了让吊，没事”，罗某于是在没有信号工指引的情况下起吊，前两吊没出问题，第三吊在吊到 4～5 层楼高时，有一根吊篮支架管件掉落，在吊装物下方工作的潘某躲闪不及，管件砸在其头部，当场造成重伤，经送医院抢救无效死亡。

试分析该起事故的原因。

答案：（1）该化工有限公司领工潘某在未经塔吊单位领导同意的情况下，违规要求塔吊工为其吊装吊栏支架，对吊装物捆绑不牢，导致吊装过程中支架管件散落，违反吊装物下不许有人作业的规定，站在塔吊吊臂下，是事故发生的直接原因之一。

（2）该建设有限公司塔吊工罗某未经专门的安全作业培训，未取得特种作业操作资格证书，无证上岗，在吊装作业时违反操作规程，在没有信号工指引的情况下开动塔吊实施吊装作业，也是事故发生的直接原因之一。

（3）该建设公司安全管理检查监督不到位，制度落实不到位，该公司工地项目负责人、工地楼座负责人对该塔吊工是否持证一概不知，是事故发生的间接原因。

案例3　叉车运输

某公司搬迁设备，两设备地距离为400m。公司总董长叫公司班车驾驶员潘某（未经特种设备操作培训）驾驶叉车搬运设备。下午12时50分左右，潘某在搬运设备过程中，遇本公司员工杨某要求搭车，潘某遂让杨某上车，坐在潘某驾驶位置右边发动机的罩壳上。13时4分左右，潘某在驾驶叉车经过一个直角转弯时，因车速过快而导致杨某从叉车上摔落，叉车前轮将杨某带入车底，后轮从杨某头上压过，当场死亡，直接经济损失78万。

试对该事故案例进行分析。

答案：（1）事故直接原因：潘某驾驶叉车违章载人，行驶速度超过规定的安全时速，转弯时在离心力作用下将杨某从叉车上甩落遭叉车后轮碾压。

（2）事故间接原因：特种设备作业人员潘某无证上岗，不具备相应的安全知识，忽视安全，忽视警告，违章操作。该公司没有对潘某进行安全生产教育和培训，主要负责人未履行安全生产法规定的法定职责，未及时排除事故隐患。

（3）事故性质：这是一起由特种设备作业人员无证上岗，作业人员不具备相应的安全知识，忽视安全，忽视警告，违章操作载人的不安全行为引发的责任事故，事故类别为车辆伤害。

案例 4　叉车运输

某公司制瓶五车间新进两台退火炉设备，经公司领导安排，车间主任李某带领 6 名作业人员（包括 2 名叉车工，均无厂内机动车驾驶证）卸车并将设备运进车间，将一重约 1t 的退火炉炉头卸至五车间门口后，2 名叉车工操作叉车抬起炉头两端，4 名作业人员在一侧手扶炉头防止倾斜。开始启运时，感觉炉头不稳，准备将炉头放至地上进行调整，瞬间炉头侧歪，将作业人员马某砸倒，其口部和耳部出血，经 120 抢救无效而死亡。

试分析该起事故的原因。

答案：（1）退火炉设备搬运过程中，2 名叉车工操作两台叉车和 4 名作业人员手扶共同搬运时，炉头侧歪，是导致事故发生的直接原因。

（2）2 名叉车操作工未经过安全培训，未取得厂内机动车辆操作证，在设备搬运过程中没有安全管理人员现场监督，是导致事故发生的主要原因。

（3）在设备搬运前，未制定确保安全的搬运方案，对危险性预计不足，未采取切实有效的安全防护措施，是导致事故发生的间接原因。

案例 5　安全设施

某单位员工王某操作电动托盘叉车在车间通道上倒向行驶，转运物料时，与停在通道上的一部轨道平板车（轨道车前方无警示标志）相撞，叉车脚踏板插入平板车端部下方的空隙，致王某腿部受伤。

除操作工王某个人原因外，试分析该起事故违反了电工制造《安规》中的哪些规定。

答案：违反了电工制造《安规》4.3.1.10“主干道及人行安全通道应无占道物品，路面应平坦，无积油、无积水、无绊脚物”和 4.3.5.1“作业场所的危险部位均应设有相应的安全标志，并应符合 GB 2894 和本标准附录 A 的规定”的规定。

编制组织单位　国家电网公司安全监察质量部

参加编制单位　南瑞集团公司

许继集团有限公司

平高集团有限公司

山东电工电气集团有限公司

主要起草人员　刘　宁　钱宏辉　刘小祥　汝雁飞

华振东　张　骧　孙　越　苏　超

施　展　苏泽潭　吕　侠　李俊泽

史志鸿　马胜利　李彦敏　陈　英

刘　振　王　永　梁金行

主要审查人员　王传庆　刘宝升　冯林杨　张　洋

张红超　杨立新　吴有民　孟令涛